浙江省普通本科高校“十四五”重点立项建设教材

氢能测试及计量技术

主　编　包福兵

副主编　尹招琴　涂程旭

参　编　高晓燕　陈　然　许　飞

机 械 工 业 出 版 社

本书系统介绍氢能产业链中流量测试及计量技术的基础知识，主要包括绪论、氢能技术、流量测试与计量技术基础、氢体积流量测试技术、氢质量流量测试技术、高压气体流量标准装置、低温流体流量标准装置、加氢站、数值模拟技术。

本书内容翔实、由浅入深、结构合理，侧重于理论联系实际，可作为高等学校测控技术及仪器、能源与动力工程以及氢能科学与工程等专业的教材，也可作为新进入能源行业、计量测试、质检行业科技人员的参考用书。

图书在版编目（CIP）数据

氢能测试及计量技术 / 包福兵主编. -- 北京 ：机械工业出版社，2024. 7. --（浙江省普通本科高校“十四五”重点立项建设教材）. -- ISBN 978-7-111-76441-0

Ⅰ. TK91

中国国家版本馆 CIP 数据核字第 2024VU1841 号

机械工业出版社（北京市百万庄大街22号　邮政编码100037）

策划编辑：刘元春　　责任编辑：刘元春

责任校对：梁　园　张昕妍　　封面设计：张　静

责任印制：任维东

天津嘉恒印务有限公司印刷

2024年10月第1版第1次印刷

184mm×260mm・9.5印张・238千字

标准书号：ISBN 978-7-111-76441-0

定价：39.00 元

电话服务　　网络服务

客服电话：010-88361066　　机　工　官　网：www.cmpbook.com

010-88379833　　机　工　官　博：weibo.com/cmp1952

010-68326294　　金　书　网：www.golden-book.com

机工教育服务网：www.cmpedu.com

前言

在碳达峰、碳中和的大背景下，氢能是一种正加速开发利用的清洁能源，已成为世界上主要国家的战略选择，将在我国迈向碳中和过程中扮演至关重要的角色。在氢能贸易发展过程中，对其进行精确、实时、经济的测试和计量变得更加重要。

根据国家能源战略发展计划和“新工科”提前布局培养引领未来技术和产业发展的人才需求，本书编写人员追踪了国内外近几年氢能技术发展状况，调研了国内外重要计量机构氢流量测试计量的方法和原理，比较了各机构的计量水平，并根据流量测试计量技术在氢能产业链中的重要性，以及当前本科和研究生人才培养及专业从业人员的需求而编写了此书。

本书属于浙江省普通本科高校“十四五”重点立项建设教材（浙江省普通本科高校“十四五”新工科、新医科、新农科、新文科重点教材），由中国计量大学包福兵任主编，尹招琴和涂程旭任副主编，高晓燕、陈然、许飞参编。具体编写分工如下：包福兵第 1 章，尹招琴第 3、4 章，涂程旭第 6、7 章，高晓燕第 2、8 章，陈然第 5 章，许飞第 9 章。中国计量大学计量测试与仪器学院和能源环境与安全工程学院对本书的编写工作给予了大力支持，在此表示感谢!

本书的编写参阅了有关计量学、流量测量技术及仪表、氢能开发与利用，以及流量计国家标准等文献，在此向这些文献的作者表示衷心感谢。

由于编者水平有限，书中难免存在不足和错误，敬请读者批评指正。

编　者

目　录

第1章 绪论

1.1 氢能对我国“双碳”战略的意义

2020年9月22日，国家主席习近平在第七十五届联合国大会一般性辩论上发表重要讲话，指出：“人类需要一场自我革命，加快形成绿色发展方式和生活方式，建设生态文明和美丽地球”，还指出：“中国将提高国家自主贡献力度，采取更加有力的政策和措施，二氧化碳排放力争于2030年前达到峰值，努力争取2060年前实现碳中和。”党的二十大报告中指出：“实现碳达峰碳中和是一场广泛而深刻的经济社会系统性变革。立足我国能源资源禀赋，坚持先立后破，有计划分步骤实施碳达峰行动。完善能源消耗总量和强度调控，重点控制化石能源消费，逐步转向碳排放总量和强度‘双控’制度。推动能源清洁低碳高效利用，推进工业、建筑、交通等领域清洁低碳转型。深入推进能源革命，加强煤炭清洁高效利用，加大油气资源勘探开发和增储上产力度，加快规划建设新型能源体系，统筹水电开发和生态保护，积极安全有序发展核电，加强能源产供储销体系建设，确保能源安全。”

实现“双碳”，必须坚持全国统筹、节约优先、双轮驱动、内外畅通、防范风险的原则，更好发挥我国制度优势、资源条件、技术潜力、市场活力，加快形成节约资源和保护环境的产业结构、生产方式、生活方式、空间格局。统筹产业结构调整、污染治理、生态保护、应对气候变化，协同推进降碳、减污、扩绿、增长。要推动能源供给革命，建立多元供应体系，坚持统筹考虑、通盘谋划，必须把传统能源逐步退出建立在新能源安全可靠的替代基础上。要把促进新能源和清洁能源发展放在更加突出的位置，积极有序发展光能源、硅能源、氢能源，大力发展可再生能源。立足国内多元供应确保能源安全，形成煤、油、气、核、新能源、可再生能源多轮驱动的能源供应体系。推动能源技术革命，带动产业转型升级，要紧跟国际能源技术革命新趋势，以绿色低碳为方向，推进能源技术与现代信息、新材料和先进制造技术深度融合，分类推动技术创新、产业创新、商业模式创新，延长产业链条，并同其他领域高新技术紧密结合，把能源技术及其关联产业培育成带动我国产业升级的新增长点。

氢能被誉为“21世纪终极能源”，在碳达峰、碳中和的大背景下，是一种正加速开发利用的清洁能源，氢能产业发展热潮势不可挡，已成为世界上主要国家的战略选择，将在我国迈向碳中和过程中扮演至关重要的角色。氢能的战略定位之一是用能终端实现绿色低碳转型的重要载体，是“双碳”目标得以实现的重要能源支撑。通过可再生电力生产绿色氢气是实现能源结构向清洁化、低碳化转型的关键路径。

我国发展“绿氢”具备良好的资源禀赋，有着可观的地热、生物质、海洋能、风电和光伏资源。但氢能体系的搭建成本极其昂贵，产业链上游的主要环节为制氢和运输，二者居高不下的成本是制约我国氢能网络建立的主要因素。但由于我国经济发展存在较大地域差异，可再生能源在中西部地区难以被完全就地消纳，剩余的可再生能源电量难以全部输送到东部等经济发达地区；加之风能、太阳能等可再生能源发电的间歇性、波动性、不可准确预测性及调峰难度等，造成部分地区可再生能源发电量的大量浪费。目前，国内由弃光、弃风、弃水的电价计算出的水电解制氢成本与化石燃料制氢的成本上限接近，同时氢气制备规模越大，其成本越低。因此大力推广可再生能源制氢并形成规模效应，将快速推动绿氢制备的成本下降。

氢能具有燃烧热值高、清洁、资源丰富和可持续发展的优点。氢是宇宙中分布最广泛的物质，也是世界上最干净的能源，资源丰富，可持续发展。作为能源，氢能有以下特点：

1）所有元素中，氢质量最小。在标准状态下，氢气的密度为 0.0899kg/m^3；在-253℃时，可成为液体，若将压力增大到数百个大气压，液氢就可变为固体氢。

2）所有气体中，氢气的导热性最好，比大多数气体的热导率高出 10 倍左右，因此在能源工业中，氢气是很好的传热载体。

3）氢是自然界存在最普遍的元素，据估计它构成了宇宙质量的 75%，除空气中含有氢气外，它主要以化合物的形态存在于水中，而水是地球上最广泛的物质。据推算，如把海水中的氢全部提取出来，它所产生的总热量比地球上所有化石燃料放出的热量还多 9000 倍。

4）除核燃料外，氢气的发热值比所有化石燃料、化工燃料和生物燃料都高，为 142351kJ/kg，是汽油发热值的 3 倍、酒精的 3.9 倍、焦炭的 4.5 倍。

5）氢气燃烧性能好、点燃快，与空气混合时有广泛的可燃范围，而且燃点高，燃烧速度快。

6）氢气本身无毒，与其他燃料相比，氢气燃烧时最清洁，除生成水和少量氨气外不会产生诸如一氧化碳、二氧化碳、碳氢化合物、铅化物和粉尘颗粒等对环境有害的污染物质，少量的氨气经过适当处理也不会污染环境，而且燃烧生成的水还可继续制氢，反复循环使用。

7）氢能利用形式多，既可以通过燃烧产生热能，在发动机中转化为机械能，又可以作为能源材料用于燃料电池，或转换成固态氢用作结构材料。用氢能代替煤和石油，不需对现有的技术装备进行重大的改造，例如，现有的内燃机稍加改装即可使用。

8）氢以气态、液态或固态的氢化物出现，能满足贮运及各种应用环境的不同要求。

1.2 发达国家和地区氢能产业发展战略

国际上，发达国家高度重视氢能产业发展，氢能已成为加快能源转型升级、培育经济新增长点的重要战略选择。全球氢能全产业链关键核心技术正趋于成熟，燃料电池出货量快速增长，成本也在持续下降，氢能基础设施建设得到明显提速，并且区域性氢能供应网络也正在逐步形成。

1. 日本氢能发展现状

目前，日本在氢能的无碳排放生产、氢能发电、氢燃料汽车等领域技术最为成熟和先进，并首次推出了“氢能社会”的概念。日本是全球第一个提出建设“氢能社会”的国家，并制定了国家氢能发展战略，其主要目的是实现氢能与其他燃料的成本平价，实现对化石燃料的全面替代。

日本于2014年发布了《氢能/燃料电池战略发展路线图》，并于2016年和2019年做了更新，从《氢能/燃料电池战略发展路线图》可知，日本构建“氢能社会”依托于3个阶段的战略路线规划。第一阶段为推广燃料电池应用场景，促进氢能应用，在这一阶段主要利用副产氢气，或石油、天然气等化石能源制氢。第二阶段为使用未利用能源制氢、运输、储存与发电。第三阶段旨在依托可再生能源、未利用能源结合碳回收与捕集技术，实现全生命周期零排放供氢系统。计划到2025年建设320座加氢站。

2017年日本出台的《氢能源基本战略》明确了降低制氢成本的路线图和目标，旨在2030年将成本降至30日元/m^3，未来实现20日元/m^3。2021年日本宣布《绿色增长计划》，提出在2030年氢能产量实现300万t的目标。为了支持这一目标，日本政府宣布了一项7000亿日元的公共投资计划，支持日本氢气供应链发展。

在日本的战略路径中，不是将氢能作为化石能源的替代能源，而是致力于推动氢能与褐煤等多种化石能源及可再生能源的协同发展。此外，日本倾向于构建国际氢能供应链，从2018年起，日本已连续多年主办氢能源部长级会议，旨在主导并推动全球“氢能社会”的发展。

2020年，日本的氢气需求量接近200万t，其中炼油占了近90%的需求，其余部分是氨生产需求。在氢气来源方面，来源于天然气的氢气占50%以上，另有45%是炼油和石化行业的副产氢，剩下的来源于小型煤炭生产过程。

日本一直是在交通运输领域中使用氢气的先行者，本田公司在2008年推出了首款商用燃料电池电动车（Fuel Cell Electric Vehicle，FCEV）。2021年4月，日本大约有5600辆FCEV，是世界第四大FCEV市场，而且日本确立了FCEV发展目标，即到2025年FCEV达到20万辆，到2030年达到80万辆。

为发展氢能源，日本财政给予了相关机构大量的财政支持。当前日本氢能源专利最多，占世界的30%左右。根据日本的战略规划，到2030年，氢燃料将实现全面平价化，氢能产业将实现全面商业化，氢能社会将初具规模，日本将成为全球第一个以氢能源为主的国家。

2. 美国氢能发展现状

美国是最早将氢能及燃料电池作为能源战略的国家，早在1970年便提出“氢经济”概念，并出台了《1990年氢研究、开发及示范法案》。布什政府提出氢经济发展蓝图、奥巴马政府发布《全面能源战略》，特朗普政府将氢能和燃料电池作为美国优先能源战略，开展前沿技术研究。2018年，美国宣布10月8日为美国国家氢能与燃料电池纪念日。2020年，美国能源部发布《氢能项目计划》，提出未来10年及更长时期氢能研究、开发和示范的总体战略框架。该项目计划明确了氢能发展的核心技术领域、需求和挑战及研发重点，并确立了氢能计划的主要技术经济目标。《氢能项目计划》设定了到2030年氢能发展的技术和经济指标。

美国是世界上最大的氢气生产国和消费国之一。美国每年的氢气消耗量超过1100万t，占全球总消耗量的13%，其中2/3用于炼油，其余大部分用于氨气生产。在原料方面，目前美国大约80%的氢气来源于天然气重整，其余的大部分是石油炼化工业的副产氢。

美国氢能技术产业链完善，为了确保在新兴技术领域的领先地位，美国十分重视氢能产业链上下游的相关技术培育，相关技术涉及氢气的生产、储运，燃料电池制造、燃料电池汽车及加氢站基础设施建设等。美国政府对氢能和燃料电池给予了持续支持，近10年的支持规模超过16亿美元，并积极为氢能基础设施的建立和氢燃料的使用制定相关财政支持标准和减免法规。美国在氢能及燃料电池领域拥有的专利数仅次于日本，尤其在质子交换膜燃料电池、燃料电池系统、车载储氢三大领域技术专利数量上，两国的技术全球占比总和超过了50%。

目前美国液氢产能和燃料电池电动车保有量全球第一。截至2021年6月，美国已有17MW的电解制氢项目在运营，输氢管道容量为1.4GW（300MW在建或已承诺资金投入），另外还有120MW处于早期开发阶段，将于2030年上线运行。美国能源部预测，潜在部署的项目将高达13.5GW。美国2020年已建成75座加氢站，计划2025年建成200座，加氢站利用率处于全球领先水平。美国加利福尼亚州政府注重燃料电池消费市场的培育，持续给予多项政策支持，该州已成为全球燃料电池车推广最为成熟的地区。

3. 欧盟氢能发展现状

欧盟一直致力于清洁能源的发展，近年来已逐步明确氢能发展路线。2007年，欧盟委员会提出《欧洲战略能源技术计划》，将燃料电池和氢能作为重点支持的关键技术领域。2008年，欧盟理事会通过决议建立“欧洲燃料电池和氢能联合组织”，创立由欧盟委员会、产业协会、企业等共同组成的产业合作机制，推动氢能和燃料电池产业发展和应用，部署技术研发。2014年，欧盟提出设立“欧洲共同利益重要项目”，对事关欧盟未来经济和科技竞争力的关键技术、基础设施项目，在欧盟层面给予公共支持。相关产业界呼吁，欧盟应在未来5~10年，向与氢能相关的“欧洲共同利益重要项目”投入50亿~600亿欧元。

2019年，欧洲燃料电池和氢能联合组织主导发布了《欧洲氢能路线图：欧洲能源转型的可持续发展路径》报告，提出大规模发展氢能是欧盟实现脱碳目标的必由之路。该报告描述了一个雄心勃勃的计划：在欧盟部署氢能以实现控制2℃温升（地球温升）的目标，到2050年欧洲能够产生大约2250TW·h的氢气，相当于欧盟总能源需求的1/4。

2020年，欧盟委员会正式发布了《气候中性的欧洲氢能战略》政策文件，宣布建立欧盟清洁氢能联盟。该战略制定了欧盟发展氢能的路线图，分3个阶段推进氢能发展。第一阶段（2020—2024年），安装至少6GW的可再生氢电解槽，产量达到100万t/年；第二阶段（2025—2030年），安装至少40GW的可再生氢电解槽，产量达到1000万t/年，成为欧洲能源系统的固有组成部分；第三阶段（2031—2050年），可再生氢技术应达到成熟并大规模部署，以覆盖所有难以脱碳的行业。

欧盟呼吁各成员国将氢能列入国家能源与气候发展的中长期目标规划。捷克、法国、德国、匈牙利、荷兰、葡萄牙和西班牙等国已发布了国家氢能战略，意大利和波兰正在进行公众咨询，奥地利预计很快发布本国氢能战略。这些国家虽然自身优势不同，但氢能战略与欧盟氢能战略非常一致，几乎所有国家都确立了电解氢的目标，即到2030年累计达到20GW以上（意大利和波兰的战略中还有7GW）。

欧盟将氢能作为能源安全和能源转型的重要保障，积极利用自身优势，加快氢能商业化进程。欧盟在发展氢能方面有自身优势，一方面，风力和光伏发电发展快速，可以长期为绿氢的生产提供便利条件；另一方面，欧盟拥有较为完善的天然气基础设施，通过扩建可为氢能的运输提供支持。基于自身优势，欧盟在制氢、储运氢、氢利用和燃料电池等领域均取得了丰硕成果，并形成了完整的产业链，目前正积极进行商业化探索。

欧洲燃料电池和氢能联合组织在欧盟氢能发展过程中扮演重要角色，推动着氢能的研发、创新和示范。欧洲的氢能研发应用不断取得突破，2018年6月，世界第一辆氢动力列车在德国北部试运行。2020年，欧盟生产和使用了约700万t氢气。氢气主要来源于天

然气和炼油厂、石化行业的副产品。而氢气的主要消费端是炼油（370万t）和化工行业（300万t）。

在供应端，可再生的电解制氢被认为是制氢的主要途径。欧盟已安装超过140MW的电解专用制氢设备，占全球产能的40%以上。欧盟成员国政府战略发出的强烈信号为进一步部署创造了动力，欧盟正在开发的输氢管道容量到2030年将超过20GW，其中超过1GW已在建设中或已承诺资金投入。

德国是欧洲发展氢能最具代表性的国家。政府专门成立了国家氢能与燃料电池技术中心来推进相关领域工作，并在2006年启动了氢能和燃料电池技术国家发展计划，从2007—2016年共计投资14亿欧元，资助了超过240家企业、50家科研和教育机构以及公共部门；2017—2019年开展第二阶段的工作，计划投资2.5亿欧元。通过项目支持，德国确立了氢能及燃料电池领域的优先地位，可再生能源制氢规模全球第一，燃料电池的供应和制造规模全球第三。自2019年以来，德国政府加强了对绿色氢能项目的支持。2020年6月，德国政府发布《国家氢能战略》，确立绿氢战略地位。2023年重点打造国内市场基础，加速市场启动，并将在清洁氢制备、氢能交通、工业原料、基础设施建设等方面采取38项行动。

德国通过氢气连接天然气管网，并利用现有成熟的天然气基础设施作为巨大的储能设备。液体有机载体储氢技术已成功应用于市场，可以实现氢气在传统燃料基础设施中的储存。

1.3 我国氢能产业发展现状及规划

与部分发达国家相比，我国氢能产业尚处于发展初期，产业创新能力、技术装备水平、支撑产业发展的基础性制度规范、产业发展形态与路径等仍需进一步探索与尝试。

经过多年工业积累，我国已是世界最大的制氢国，氢能产业整体呈现积极发展的态势，现已初步掌握氢能制备、储运、加氢、燃料电池和系统集成等主要技术和生产工艺，在清洁低碳的氢能供给上具有巨大潜力。数据显示，我国年制氢产量约为3300万t，其中达到工业氢气质量标准的为1200万t左右。可再生能源装机量位居全球第一，并在部分区域实现燃料电池汽车的小规模示范应用。此外，全产业链规模以上工业企业超过300家，集中分布在长三角、粤港澳大湾区以及京津冀等区域。

2022年4月8日，国家能源局科技司副司长在“中国国际经济交流中心—联合国开发计划署氢能产业高峰论坛”上表示，我国已累计建成加氢站超过250座，约占全球数量的40%，加氢站数量位居世界第一。从研发投入来看，尽管我国的氢能源布局较晚，但正逐渐成为研发预算投入增幅最大的国家。相信随着“双碳”的宣贯深化以及顶层设计与统筹规划的逐步构建与完善，氢能产业未来可期。

我国已掌握了部分氢能基础设施与一批燃料电池相关核心技术，制定出台了国家标准86项，具备一定的产业装备及燃料电池整车的生产能力；我国燃料电池车经过多年研发积累，已形成自主特色的电-电混合技术路线，并经历规模示范运行。截至2018年年底，累计入选工信部公告《新能源汽车推广应用推荐车型目录》的燃料电池车型共计77款，并在上海、广东、江苏、河北等地实现了小规模全产业链示范运营，为氢能大规模商业化运营奠定了良好的基础。2018年，中国氢能源及燃料电池产业战略创新联盟正式成立，成员单位涵盖氢能制取、储运、加氢基础设施建设、燃料电池研发及整车制造等产业链各环节头部企业，标志着中国氢能大规模商业化应用已经开启。

《国务院关于印发2030年前碳达峰行动方案的通知》明确，加快氢能技术研发和示范应用，探索在工业、交通运输、建筑等领域规模化应用。《中华人民共和国国民经济和社会发展第十四个五年规划和2035年远景目标纲要》提出，在氢能与储能等前沿科技和产业变革领域，组织实施未来产业孵化与加速计划，谋划布局一批未来产业。为促进氢能产业规范有序高质量发展，2020年经国务院同意，国家发展和改革委员会、国家能源局联合印发《氢能产业发展中长期规划（2021—2035年）》（以下简称《规划》）。《规划》提出了氢能产业发展各阶段目标：到2025年，基本掌握核心技术和制造工艺，燃料电池车辆保有量约5万辆，部署建设一批加氢站，可再生能源制氢量达到10万~20万t/年，实现二氧化碳减排100万~200万t/年；到2030年，形成较为完备的氢能产业技术创新体系、清洁能源制氢及供应体系，有力支撑碳达峰目标实现；到2035年，形成氢能多元应用生态，可再生能源制氢在终端能源消费中的比例明显提升。

我国以5年为1个周期，对氢能产业的政策制度、制储技术、燃料电池车辆、加氢站、应用领域等方面勾画出了定性与定量目标，具体见表1-1。

表1-1 我国氢能发展目标

	定性目标	定量目标
至2025年	形成较为完善的制度政策环境，产业创新能力显著提高，基本掌握核心技术和制造工艺，初步建立较为完整的供应链和产业体系。氢能示范应用取得明显成效。清洁能源制氢及氢能储运技术取得较大进展。市场竞争力大幅提升，初步建立以工业副产氢和可再生能源制氢就近利用为主的氢能供应体系	燃料电池车辆保有量约5万辆，部署建设一批加氢站。可再生能源制氢量达到10万~20万t/年，实现二氧化碳减排100万~200万t/年
至2030年	形成较为完备的氢能产业技术创新体系、清洁能源制氢及供应体系，产业布局合理有序，可再生能源制氢广泛应用	
至2035年	形成氢能产业体系，构建涵盖交通、储能、工业等领域的多元氢能应用生态，可再生能源制氢在终端能源消费中的比例明显提升	

根据中国氢能联盟的预计：2030年，我国氢气年需求量将达到3500万t，在用能终端的占比将达5%；至2050年，占比至少攀至10%，年需求量接近6000万t，可减少大约7亿t二氧化碳排放，产业链的年产值约为12万亿元。

虽然当前我国氢能产业发展迅速，但也要看到，我国氢能产业仍然处于发展初期，存在产业创新能力不强、技术装备水平不高、支撑产业发展的基础性制度滞后等诸多问题。虽然“制氢环节”基本不存在什么问题，但在中游环节的“储氢、运氢”上，加氢站和下游的应用端体量小和数量少，匹配不均衡，造成氢能供需体系不健全、不完善。氢气主要以高压气态、低温液态等方式存储和运输，这种危化品的属性也制约着“制氢-加氢一体化”发展，这是目前客观存在的不足之处，但更是氢能产业发展的大好机遇。要想应对当前氢能发展的诸多挑战，推动氢能产业高质量发展，需要解决以下3个方面的问题：

1）加大氢气储运技术研发。我国能源发展历来有西气东输、西煤东运，未来可再生能源利用也会有西电东输、西氢东运情况。因此，氢气的储运显得尤为重要。当下已经发展了气态高压储运、低温液氢储运等技术，但储氢密度、成本、安全等方面仍需进一步提高。目

前正在发展的氢管道运输、氨和甲醇储运均需要大力推进，需根据应用场景分类实施。

2）正确理解大氢能的概念。从整个氢能应用场景来看，氢气作为原料的场景更多，如合成氨、合成甲醇、氢冶炼等。我国目前氨、甲醇的每年消费量巨大，但目前主要靠煤制氢，未来要做好可再生能源制氢的替代。

3）氢能和二氧化碳回收技术有机结合。如水泥和钢铁行业排放的大量二氧化碳，一般靠二氧化碳捕集、利用和封存技术来实现碳中和；二氧化碳加氢制甲醇技术使得氢气在加速将二氧化碳再利用为各种碳化合物方面发挥重要作用，可实现高水平的节能减排。

1.4 氢能存储、输送及利用

氢气可以以气体、液体、化合物等形态储存。氢的储存方式主要有高压气态储氢、低温液态储氢和储氢材料储氢等。

高压气态储氢是最常用的氢气储存方式，也是最成熟的储氢技术，氢气被压缩后在钢瓶里以气体形式储存。应用较广泛的是灌装压力为15.2MPa的储氢钢瓶，它是一种应用广泛、简便易行的储氢方式，成本低，充放气速度快，且在常温下就可以进行。但是，它最大的缺点是单位质量的储氢密度只有1%（质量分数）左右，无法满足更高应用的要求。因此，需在满足安全性的前提下，通过材料和结构的改进来提高容器的储氢压力以增大储氢密度，同时降低储氢的成本，满足商业应用。

低温液态储氢是指在101kPa下，氢气冷冻到-253℃以下即变为液态氢。液态氢具有存储效率高、能量密度大、成本高的特点。氢的液化需要消耗大量的能源。理论上，氢的液化需消耗28.9kJ/mol能量，实际过程消耗的能量大约是理论值的2.5倍，每千克液态氢耗能在11.8MJ以上。因为液化温度与室温之间有200℃以上的温差，加之液态氢的蒸发潜热较小，所以不能忽略从容器渗进来的侵入热量引起的液态氢的汽化。罐的表面积与半径的二次方成正比，而液态氢的体积则与半径的三次方成正比，所以由渗透热量引起的大型罐的液态氢汽化比例要比小型罐的小。因此，液态储氢的适用条件是存储时间长、气体量大、电价低廉。

氢能的输送主要包括压缩氢气输送、液态氢输送、利用储氢介质输送、利用管道输送和制氢原料输送。

1）压缩氢气输送是把氢气压缩成高压气体后进行的输送，适用于制氢型加氢站输送的场合。该方法的特点是在输送、储存、消费过程中不发生相变，能量损失小，但一次输送的量也比较少，因此适合距离较近、输送量少的场合。如果是实验室用等小规模场合，一般可采用氢气瓶来输送压缩氢气，而加氢站的场合则需要大规模的输送方法，为此开发出了转载大型高压容器的牵引车。对牵引车输送来说，重要的是一次可输送的量，但是行驶在普通道路上的牵引车的大小要受到道路交通法的限制，尤其是对质量和大小的管制。由于钢制容器过重，无法提高装载量，我国正努力实现轻型化及高压化，从而提高氢气装载量。

2）液态氢输送的原理和压缩氢气输送的原理差不多，主要区别是储存罐装的是液态氢，对保温性能要求更高。因为液态氢制造时的液化效率低，因此会导致整体输送的能量效率降低。另外，将液态氢从液氢罐转移到加氢站储氢罐里时，不能忽略把配管冷却到液态氢温度时的蒸发损失。此外，防止水蒸气、氮气、氧气等可能聚集于液氢罐内的物质的混入也是很重要的。可以看出，当输送的规模较大时，有利于提高能量效率，降低输送成本。

3）利用储氢介质输送是利用储氢技术把氢吸收于载体进行输送的方法。但是这种储氢载体的储氢质量百分比较低，意味着，输送相同质量的氢，该种方法总质量更大。可知，输送过程中为了降低输送成本，质量的重要性要高于体积，这是该方法的主要缺点。以有机氢化物为例介绍该种方法：通过一定的条件将氢气与环己烷进行反应生成液态的苯，之后将苯储存在油罐中，然后利用油罐车将苯输送到目的地，再通过一定的化学反应将苯进行脱氢分离得到氢气。

4）利用管道输送无论在成本上还是在能量消耗上都将是非常有利的方法。在大型工业联合企业，氢气的管道输送已被实用化。人们正在研究发挥管道特色的新组合。例如，利用现有的城市煤气管道输送天然气和氢气的混合物，在加氢站里根据需要抽取提纯氢气的设想正在探讨之中。如果把管道本身的压力提高，则在加氢站里不需要压缩机。

5）由于氢气的储存输送有着或多或少技术问题或者经济问题，所以可以直接把制氢原料输送到加氢站，然后制备氢气后直接进行使用或储存。常见原料有各种烃类物质、甲醇等，这些原料的输送技术较成熟，成本较低。但是要求加氢站的规模较大，才有较好的效益。

氢能的开发利用是更快实现碳中和目标、保障国家能源安全、实现低碳转型的重要途径之一。人类历史上第一款氢气内燃机可以追溯到 1807 年，瑞士人伊萨克·代·李瓦茨制成了单缸氢气内燃机。他把氢气充进气缸，氢气在气缸内燃烧最终推动活塞往复运动。该项发明在 1807 年 1 月 30 日获得法国专利，这是第一个关于汽车产品的专利。但由于受当时的技术水平所限，制造和使用氢气远比使用水蒸气和汽油等资源复杂，氢气内燃机于是被蒸汽机、柴油机以及汽油机“淹没”。1928 年，德国齐柏林公司利用氢的巨大浮力，制造了世界上第一艘“LZ-127 齐柏林”号飞艇，首次把人们从德国运送到南美洲，实现了空中飞渡大西洋的航程。对现代航天飞机而言，减轻燃料自重，增加有效载荷变得更为重要。氢的能量密度很高，是普通汽油的 3 倍，这意味着航天飞机以氢作为燃料，其自重可减轻 2/3，这对航天飞机无疑是极为有利的。20 世纪 50 年代，美国利用液氢作超音速和亚音速飞机的燃料，使 B57 双引擎轰炸机改装为氢发动机，实现了氢能飞机上天。特别是 1957 年苏联宇航员加加林乘坐人造地球卫星遨游太空和 1963 年美国的宇宙飞船上天，紧接着 1968 年阿波罗号飞船实现了人类首次登上月球的创举，这一切都依靠着氢燃料的功劳。

氢能的利用主要通过燃料电池来实现，氢燃料电池具有能量密度高、能量转化效率高、零碳排放等优点，主要包括质子交换膜燃料电池（Proton Exchange Membrane Fuel Cell，PEMFC）和固体氧化物燃料电池（Solid Oxide Fuel Cell，SOFC）两大类。PEMFC 主要由膜电极、双极板、电解质和外部电路等组成，具有工作温度低、起动快、功率范围广、稳定性强等优势，在汽车动力电源领域发展迅速。作为燃料电池和电解槽的关键组件，质子交换膜需要具备质子传导电阻小、电流密度大、机械强度高等特点，其决定了 PEMFC 的效率和品质。PEMFC 用途广泛且多元化。日本和韩国拥有相对成熟的氢燃料电池汽车技术，此技术已成功应用于乘用车、商业车、叉车和列车等。例如，丰田在 2020 年年底发布了第二代 Mirai 氢能燃料汽车，通过增加氢负载将续驶里程提高了 30%。东日本铁路公司发布了以氢燃料电池和蓄电池为混合动力的试验列车“云雀”，加氢一次即可行驶 140km。国内以捷氢科技、新源动力、潍柴动力为主的大型电堆供应商在自主研发方面也取得了较大进展。2021 年，捷氢科技自主研发的大功率氢燃料电池额定功率达到了 117kW，同时系统及电堆一级零部件实现了 100%国产化。潍柴动力发布了新一代 120kW、寿命超 3×10^4h 的燃料电池发动机，助力行业零碳发展。2022年北京冬奥会期间，张家口赛区投运的氢燃料电池汽车达710辆，其中，氢燃料电池公交车续驶里程可达406km。

氢燃料电池发电的基本原理是水电解的逆反应，把氢和氧分别供给阴极和阳极，氢通过阴极向外扩散和电解质发生反应后，放出电子通过外部的负载到达阳极。氢燃料电池与普通电池的区别主要在于：干电池、蓄电池是一种储能装置，它把电能储存起来，需要的时候再释放出来；而氢燃料电池严格来说是一种发电装置，是把化学能直接转化为电能的电化学发电装置，不需要进行燃烧，能量转换率可达60%~80%，而且污染少、噪声小，装置可大可小，非常灵活。从本质上看，氢燃烧电池的工作方式不同于内燃机，氢燃烧电池通过化学反应产生电能来推动汽车，而内燃机则是通过燃烧热能来推动汽车。由于燃料电池汽车工作过程不涉及燃烧，因此无机械损耗及腐蚀，氢燃烧电池产生的电能可以直接被用于推动汽车的车轮上，从而省略了机械传动装置。各发达国家的研究者都已强烈意识到氢燃烧电池将结束内燃机时代这一必然趋势，已经开发研究成功氢燃烧电池汽车的汽车厂商包括通用（GM）、福特（Ford）、丰田（Toyota）、奔驰（Benz）、宝马（BMW）等国际大公司。欧美日等发达国家和地区SOFC技术成熟，处于商业化推广前期。其中美国和日本分别发展了百千瓦级大型固定式电站和千瓦级家用热电联供系统，均实现了大规模的商业化运行。其中的领军企业包括美国布卢姆能源（Bloom Energy）公司（常压平板式）以及日本三菱重工（加压管式）等。较之于国外，国内SOFC发展差距较大，还处于实验室研究与样机研制阶段，尚未形成商业化的SOFC系统，企业参与度不够，并且SOFC的产业链还不完整。

燃气轮机是将燃料的化学能转化为动能的内燃式动力机械，是发电和船舰领域的核心装备。常用燃料是天然气，但会造成大量的碳排放且其中的杂质易积聚，甚至对机器造成腐蚀，致使能量转化效率和使用寿命较低。由于氢气的火焰传播速度约为天然气的9倍，15min左右便可以将负荷从零拉升至全满，用氢气替代天然气，除了可以提高热值和降低碳排放量外，还可以使燃气轮机具有更高的负荷调节能力。

目前，多个电力巨头已经开展了氢能燃气轮机的相关研究工作。如通用电气（General Electric，GE）的首台混合氢燃气轮机已落地广东，混氢比例为10%的燃气轮机将提供1.34GW的电力。此外，GE还将建造了美国第一座燃氢发电厂，争取10年内实现100%燃氢。日本三菱重工已经成功研制30%混氢比例的燃气轮机，西门子能源在德国开展了100%氢能燃气轮机原型机的试验，日本和欧盟已经承诺在2030年前推出100%燃氢重型燃气轮机。然而，目前市场上还没有可以处理纯氢燃料的、长期可运行的燃气轮机。大力发展氢能燃气轮机，需要解决燃氢过程中产生的回火和温度过高等问题。在这方面我国与国外差距较大，需要加强政策扶持力度、深化科研攻关，尽早为氢能燃气轮机国产化进程铺平道路。

氢内燃机基本原理与普通天然气发动机一样，按照“吸气-压缩-做功-排气”4个冲程来完成化学能向机械能的转化，只是氢内燃机里的燃料是氢气。考虑到可靠性、经济性，氢内燃机是一个非常有吸引力的零二氧化碳商用车动力总成技术解决方案，也是降低对石油依赖的重要方案。目前欧洲几乎所有的主流商用车主机厂都在关注或者已经开始对氢气发动机的可行性进行研究，已经成立了包括主机厂、关键零部件等22家企业的氢气发动机联盟。相比于国外主流厂商的计划，国内重卡市场在氢内燃机的使用上，商用化可能更快。2022年6月由一汽解放自主设计研发的国内首款重型商用车缸内直喷氢气发动机成功点火并稳定运行。本款氢气发动机属13L重型发动机，运转功率超360kW，指示热效率突破55%。潍柴动力自2018年起开始布局氢内燃机技术，在完成了关键核心技术和商业化应用的突破、攻克了一批卡脖子技术难题后，中国重汽、潍柴动力联合发布了全国首台商业化氢内燃机重卡——黄河高端重卡，搭载潍柴动力自主开发的13L氢内燃机。该机型掌握了一批原创性专利技术，实现了有效热效率41.8%。此外，广西玉柴机器股份有限公司、上海新动力汽车科技股份有限公司等相继发布了自己的氢内燃机。

1.5 氢流量测试及计量技术发展的必要性

氢能贸易发展过程中，对其进行精确、实时、经济地测试和计量变得更加重要。主要体现在：①精确计量能保证进行公平公正的交易，有效地管理供给和消费，控制库存量，提高服务质量；②实时计量有助于供应方优化运营，最大限度地提高系统的生产能力，对市场变化做出快速反应；③经济计量符合效益最大化的经营理念的要求。计量系统的投资和运行维护费用决定了氢能计量的成本。采用先进的计量技术是降低氢能计量成本的重要途径。快速、经济地获取、处理和分析氢计量信息将有效地降低公司的成本，提高服务质量，从而使公司在市场竞争中获得更大的市场份额。

氢能产业链中的氢主要有高压气氢和低温液氢两种状态，高压气氢是目前主流的储氢和加氢方式，已建成的大部分加氢站均采用35MPa的气氢，但是随着金属内胆碳纤维全缠绕复合材料气瓶等高压储氢材料的发展，能够承受70MPa的储氢容器逐渐推向市场。此外，液氢的体积能量密度远大于高压气氢，在规模化发展氢能产业的储存、运输方面具有明显优势，同等质量两者体积比（气氢：液氢）可达700：1以上，液氢在储存与长距离运输上具有明显的优势，是未来氢能大规模产业化的突破口。氢能计量主要是其流量的测量，液氢和气氢是在流动过程中间接测量的，测量的准确度取决于整套测量系统的合理设计、建设、操作和维护等全过程的质量，为了保证计量系统按统一的技术要求进行全面质量管理，保证计量的准确度，制定科学合理的天然气计量标准是非常必要的。

在氢产品的制备、储运、应用和贸易结算等关键环节，氢流量测量的准确与否至关重要，直接关系到全产业链的生产安全、顺畅运转和贸易公平。准确可靠的氢流量计及其流量检定系统是保证液氢流量计量合法性的两大关键要素。目前氢能产业的研究主要集中在制氢、储氢、输氢等氢能装备的产品研制以及燃料电池技术等，而对氢产品性能测试和质量检验等方面的关注较少，缺乏成熟的氢能装备性能检测和试验方法、标准以及基础设施。

2019年英国国家物理实验室（National Physical Laboratory，NPL）发布了一份名为《能源转型：氢产业的计量需求》（*Energy transition：Measurement needs within the hydrogen industry*）的报告，该报告指出了氢产业当前面临的计量挑战，并明确了应优先考虑的问题。报告强调，在向脱碳能源体系转变的过程中，氢发挥着重要的作用，因此应认识到解决这些计量问题的重要性。

测量液氢最具挑战性的主要物理特性是在极端寒冷的温度下和在其临界点附近工作时的相变化的高度敏感性（即使温度或压力的微小变化）。此外，液氢与其他普通液体相比，其典型特点是黏度低、潜热大、密度小。考虑到燃料容器的成本与安全，目前，提高气氢存储压力是提升氢燃料电池汽车续驶里程的关键，为保障氢燃料电池汽车的加氢需要，实现氢燃料电池汽车全面推广，具有高精度、能够承受高压的气氢流量计是实现安全、可控与稳定加氢的关键。与低压气体相比，考虑到氢气易燃的特性与高压管路的防爆需求，能保证测量精度完全覆盖高压氢气管路所需的口径范围，从而实现高压气体在线流量测量的方法比较少。

迄今为止，氢气试验的大部分重点是安全性，管道掺入氢后可能会对管道材料、压缩机、管件、阀门、计量等设施产生影响，如氢脆、功耗增加及计量精度降低等风险。氢气压力、纯净度、环境温度、管道强度水平、变形速率和微观组织等都会带来氢脆的发生。由于氢材料的特殊性，在氢能计量时会存在以下3方面的问题：①氢气分子直径比天然气分子小，会导致气体渗透泄漏，影响计量精度；②由于密封性问题，导致氢气泄漏至大气，引发潜在安全问题；③氢气会损坏流量计内部部件，影响流量计使用持久性；④氢在深冷和高压极端条件下会呈现特殊性质。在低温条件下，温度为20K、压力为1bar（1bar=0.1MPa）的液氢，往往以饱和状态保存，潜热小、易汽化，虽然真空绝热但漏热不可避免，因此很容易由于漏热或者在变通道部件发生空化而变成两相流，导致系统运行不稳定，这给流量测量带来很大技术挑战。高压储氢输氢系统长期在高压（70MPa）、高纯氢气中工作，会引起金属材料局部塑性降低、裂纹扩展速度加快、耐久性下降。到目前为止，国内外可以直接用于测量深冷液氢和高压气氢流量的流量计屈指可数，完善的氢流量计量体系和规模化的氢流量计量产业仍亟待发展，以满足氢能产业的战略发展需要。

流量测量技术和仪表类型繁多，测量对象复杂多样，这决定了流量计量仪表在应用技术上的复杂性。它与传统意义上度量衡计量器具的应用有很大的差别。它不是简单地将流量计安装，开表投运就一定能达到测量目的。除去在出厂时或者定期实验室检定外，流量计还存在现场布置和安装的不合理现象，这些不合适、不正确和不合理带来了相应的测量误差，因此流量测量是一种强烈依赖于使用条件的测量。在实验室，流量计可以得到极高的精确度，但是在使用现场，一旦流体条件或环境条件有大的变化，不仅精确度无法保证，甚至无法进行正常测量。造成这种情况的原因多种多样，如选型不合理、量程不合适、上下游直管段长度不足、安装不正确、流体物性偏离设计状态太大、工况条件超过允许值、脉动流影响、振动等。因此，流量测量是一个系统问题，包括检测设备、显示装置、前后直管段、辅助设备等。而应用技术的研究，还包括测量对象本身，仅仅流量计本体性能好并不能获得要求的测量效果。因此流量计的检测问题不仅仅是实验室检测的问题，还需要对现场检测情况的综合检测分析。

未来全球生态可再生能源的战略需求已倒逼氢能技术发展，在氢能生产、储存、运输、贸易交接的过程中，任何一个环节都离不开流量计量。流量计量是计量科学技术的组成部分之一，人们依靠这些参数对生产流程进行监督和控制，并实现生产流程的自动化。做好这一工作，对保证产品质量、提高生产效率、促进科学技术的发展都具有重要的作用。

简答题

1. 简述“双碳”计划的战略意义。
2. 简述氢能的优缺点。
3. 论述我国氢能发展前景。

与气候一起变化：能源(1)

与气候一起变化：能源(2)

绿色抉择：莱茵河、生物圈、新能源

第2章 氢能技术

2.1 氢的制备

地球上的氢元素主要以化合物形式存在，需要经过人工处理才能将这些氢化合物还原成单质氢，因此氢的制备是氢能产业链中重要的环节。根据产生氢气的一次能源和生产技术，氢气被分为3种不同颜色的氢：绿色氢、蓝色氢和灰色氢，以描述它的环保性。绿色氢被认为是清洁的，主要依靠可再生能源来生产。灰色氢来自化石燃料，在其生产过程中会给环境带来很大的负担。蓝色氢对环境的影响介于绿色氢和灰色氢之间。一些由化石燃料制成的氢被称为“蓝色氢”，它对环境的影响介于绿色氢和灰色氢之间，这是因为在其生产过程中增加了捕获和封存CO_2的过程，以减少碳排放，从而将其与灰色氢区分开来。氢气可以通过多种生产方法和技术获得，近年来应用最广泛的制氢技术是天然气蒸汽重整，此技术贡献了45%以上的氢产品，其次是石油重整和煤气化，如图2-1所示。

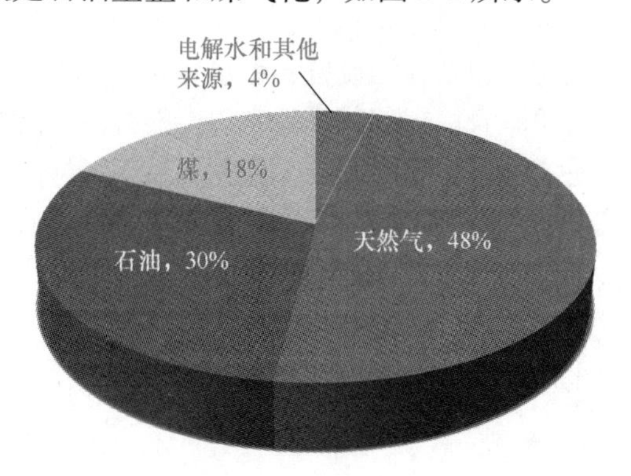

图2-1 制氢技术

2.1.1 化石燃料制氢

1. 甲烷蒸汽重整

甲烷蒸汽重整或天然气蒸汽重整，是目前应用最广泛的制氢方法，世界上近一半的氢气来自这种方式。甲烷蒸汽重整一般以贵金属或镍基材料为催化剂，在800℃左右的高温下进行化学反应。重整主要通过3个过程来实现。首先，甲烷与水蒸气发生重整反应，得到以H_2和CO为主要成分的合成气，然后通过水煤气变换反应将CO转化为CO_2。最后通过CO_2吸附装置将CO_2从混合气中去除，以提高氢气的纯度。上述过程的反应方程如下：

$$CH_4+H_2O \rightarrow CO+3H_2 \tag{2-1}$$

$$CO+H_2O \rightarrow CO_2+H_2 \tag{2-2}$$

重整反应是一个吸热过程，因此需要一定的外界热量，一般是通过天然气燃烧获得。影响甲烷蒸汽重整技术的因素包括原料质量、燃料和催化剂的选择、反应器的类型等。

甲烷蒸汽重整技术成熟，当前更受关注的问题是如何提高天然气和氢气的转化生产能力，以及如何降低反应所需的温度，使该技术成为更理想的生产方式。低温蒸汽重整技术是一种解决方案，它可以在400~550℃条件下生产合成气。与高温反应相比，它的优点是较低的温度要求减少了预热所需的能量，并且允许快速起动而无须CO变换反应器。此外，反应器的材料选择范围更广，而不局限于耐高温合金。因此，低温蒸汽重整技术可以显著降低甲烷蒸汽重整制氢装置的建设和运营成本，但必须采取一定的措施来消除低反应温度对甲烷转化的负面影响。

除天然气外，还可以使用其他一些含有烷烃气体的物质作为原料，如沼气，以实现类似于前面所述的重整过程。虽然目前它们的使用规模还没有天然气那么大，但它们生产高纯度氢气的潜力已经在实验室规模上得到了验证。

2. 甲烷部分氧化和自热重整

甲烷蒸汽重整技术需要外部供热的特点在一定程度上限制了其发展，由此出现了其他技术来克服高能量需求的缺点。部分氧化是天然气制氢的另一种商业应用方法。甲烷的不完全氧化，即输入的氧气量小于化学当量比，可产生H_2和CO的混合物，反应方程如下：

$$CH_4+0.5O_2 \rightarrow CO+2H_2 \tag{2-3}$$

上述反应为放热反应，甲烷的部分氧化（不完全燃烧）为系统提供热量，因此不再依赖外部热源。然后进行式（2-2）所示的水煤气变换反应。部分氧化反应可以在无催化剂的条件下进行，并且对化石燃料中硫的杂质有更好的耐受性。

自热重整可以看作是蒸汽重整和部分氧化的优点结合。自热重整所需的热量来自天然气的部分氧化，氧化过程的放热用于实现蒸汽重整。当系统的放热反应和吸热反应达到整体热平衡时，这一系列反应将持续进行。由于部分氧化反应的存在，自热重整也需要提供纯氧作为反应物来实现，目前此技术尚未大规模商业化。

对于制氢技术，近年来，研究人员都在探寻有效的方法来提高反应速率、降低反应温度、降低生产成本和减少污染物排放。其中，甲烷部分氧化和自热重整技术的催化剂研究受到了人们大量的关注，尽管对于前者来说催化剂并非必不可少的。表2-1简要列出了3种甲烷制氢方法的特点。

表2-1 3种甲烷制氢方法的特点

制氢方法	材料和能源需求			效率（%）	温度/℃
	外部热量	催化剂	纯氧		
蒸汽重整	√	√	×	70~85	800~1100
部分氧化	×	×	√	55~75	950~1500
自热重整	×	√	√	60~75	700~1000

3. 煤气化

在三大化石燃料中，煤炭的储量最为丰富，为制氢提供了一个可行的选择。煤制氢主要通过煤气化过程完成。根据气化前煤炭是否开采，煤气化可分为地面气化和地下气化。煤地面气化是成熟的制氢方法，而地下气化是近年来发展起来的新技术，在其领域仍有许多未知之处。煤地面气化在气化炉中进行，根据反应物与气化炉的接触方式不同，气化炉可分为多种类型，如气流床、流化床、固定床。它们的基本机理是相同的：将煤干燥并磨碎，然后送入气化炉，在高温条件下与氧气和水蒸气依次反应，产生含有 H_2、CO 和 CO_2 的气体混合物，反应方程如下：

$$C+0.5O_2 \rightarrow CO \tag{2-4}$$

$$C+H_2O \rightarrow CO+H_2 \tag{2-5}$$

$$CO+H_2O \rightarrow CO_2+H_2 \tag{2-6}$$

生成的混合气体需要在变压吸附装置中除去 CO_2，该装置通常将氧化钙与二氧化碳结合形成碳酸钙，然后获得高纯度的氢气。

在目前的技术水平下，煤气化方法已经可用于商业生产，并提供18%的世界氢气产量。由于其效率（60%~75%）低于甲烷蒸汽重整法（70%~85%），因此其应用并不像后者那么广泛。但我国煤炭储量相对丰富，煤气化制氢工艺也是主流的制氢工艺。随着天然气储量的短缺和天然气价格的上涨，在可预见的未来，煤气化在大规模生产中的经济优势有望在更多地区成为更好的选择。

煤气化制氢的不足是它对环境的重大影响。据文献报道，从全生命周期的角度评估两种主流的化石燃料制氢技术，煤气化制氢的碳排放量大约是甲烷蒸汽重整制氢的两倍。为了控制 CO_2 排放对环境的有害影响，必须采取有效措施从生产过程中减少它。研究表明，结合碳捕集和封存技术可减少 81.72% 的温室气体排放，而同时一次化石能源消耗量仅增加 2.32%。

4. 油品的部分氧化

部分氧化是从重油和石脑油等高碳氢比的原料中制备氢气的最合适方法。与甲烷部分氧化的机理类似，该过程需要通入纯氧才能进行。在 1200~1350℃ 条件下，低于完全氧化化学计量比的氧与原料的化学反应生成 CO 和 H_2 的混合物，反应方程如下：

$$C_nH_m+0.5nO_2 \rightarrow nCO+0.5mH_2 \tag{2-7}$$

加拿大质子技术（Proton Technologies）公司和卡尔加里大学合作开发了一种新技术，将氧气注入含有重油的地下，重油会在 350℃ 以上自发氧化，产生的氢气被带回地表，其他产物将留在地下并被直接隔离，避免排放。

2.1.2 生物质制氢

考虑到化石燃料是不可持续的，因此迫切需要开发利用可再生能源制备氢气的技术，尽管目前此类氢气产量只占全球氢气产量的一小部分。在可再生能源中，生物质能是人类最早使用的能源载体，至今仍在使用。生物质的来源广泛，包括木材、草、农产品、作物残茬、动植物废物、城市固体废物、食物残渣和藻类等被视为化石燃料的替代品。

根据产气方式的不同，生物质直接制氢可以通过热化学方法和生物化学方法两种途径实现。生物质热化学制氢方法包括气化、热解和液化。其中，生物质气化是一项相对成熟的技术，已被证明具有巨大的潜力。生物化学制氢方法目前主要在实验室层面进行研究。

1. 生物质的水蒸气气化

生物质气化是一种典型的热化学途径，被认为是一种经济的可再生制氢方法。目前，生物质气化制氢效率在 50% 左右，仍有发展空间和应用前景。在生物质气化制氢过程中，可使用的气化剂包括水蒸气、氧气和空气。其中，水蒸气可以进行重整反应，产生的气化产物

中 H_2/CO_2 比最高，杂质较少，因此被认为是最合适的气化剂。生物质的水蒸气气化反应可以简单地用公式（2-8）表示。

$$CH_xO_y+(2-y)H_2O \rightarrow CO_2+(2-y+0.5x)H_2 \tag{2-8}$$

生物质水蒸气气化是一个吸热过程，反应温度为700～1200℃。实际上，在气化炉中发生的转化非常复杂。已经确定的具体化学反应包括生物质热解、焦油裂解、甲烷燃烧、干重整和蒸汽重整，以及水煤气变换反应。水蒸气气化得到的最终气体混合物的主要成分是 H_2 和 CO_2，然后在变压吸附装置中进行处理，以获得更高纯度的氢气。

理论上，气化制氢可以从各种生物质原料中实现，如甘蔗压榨泥、树皮、玉米秸秆、藻类生物质、油棕和稻壳等。根据不同种类生物质的成分和性质，在气化前将其按一定比例混合，可以有效提高生产效率。通过改变原料和混合比例，还可以控制气体产物的组分。这种方法适用于难以单独气化的原料，如污泥。

与化石燃料相比，虽然氢气的产生是通过类似的热化学过程，但生物质气化制氢对环境的不利影响更小，因为生物质气化过程释放的 CO_2 来自生物质生长过程吸收的 CO_2，并且没有多余的 CO_2 进入大气。然而，生物质气化也面临着自身的问题，即由于生物质材料成分复杂，产品中杂质含量高，尤其是焦油的形成，会导致设备堵塞、磨损和催化剂失效。只有在1250℃以上的高温和至少0.5s的停留时间下，最稳定的焦油才能被分解。

2. 生物质的超临界水气化

超临界流体是温度和压力超过其临界点的流体。对于水来说，临界点的条件是温度为374℃，压力为22.1MPa。超临界状态下的水具有低介电常数、较少的氢键以及高溶解性、反应性和扩散性等特点，意味着在这种条件下有机物和气体很容易混合成为均相，这有利于促进反应物的转化。生物质的超临界水气化不需要对原料进行干燥预处理，因此此法适用于藻类、污泥等含水量较高的生物质。

生物质在超临界水中会发生复杂的反应，如热解、水解、冷凝和脱氢。其制氢示意图如图2-2所示。纤维素、半纤维素、木质素等大分子被水解成糖、酚等有机分子，再被催化降解成较小的酸、醇、醛等，最后完全降解为水煤气。之后，通过水煤气变换反应产生氢气。

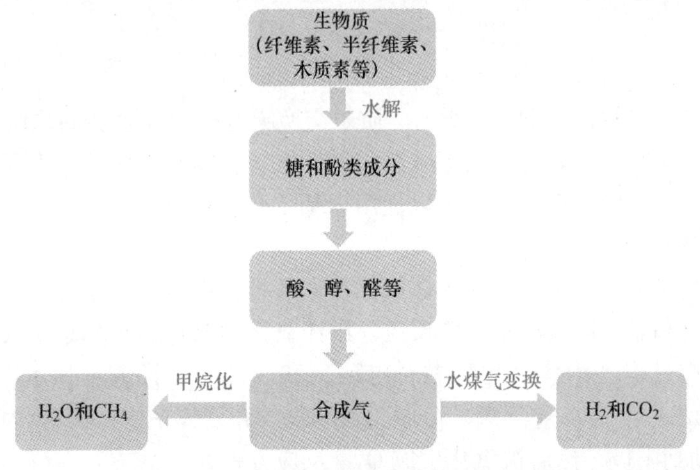

图2-2 生物质的超临界水气化制氢示意图

目前，生物质的超临界水气化技术在实验室水平上已经取得进展，但缺乏商业应用。虽然生物质的超临界水气化具有较高的转换效率，并且可以在比生物质水蒸气气化更低的温度下进行，但它所需要的极高压力和苛刻的泵送能力大大增加了工业生产的成本。因此，对操作温度、压力、停留时间、生物质成分、反应物浓度、催化剂等操作参数的优化是实现生物质的超临界水气化技术商业化的必要过程。

2.1.3 水电解制氢

人类第一次生产氢是通过水电解。水电解目前用于一些小规模的工业制氢，其制氢量约占全球制氢量的4%。在直流电的驱动下，水发生分解反应，也就是氢燃料电池的逆反应，产生氢气和氧气（式2-9）。这两种气体分别在阴极和阳极产生，因此可以很容易地分离，从而得到纯氢和纯氧。从水中产生氢气意味着该工艺可以应用于广泛的地区，而无须考虑当地化石燃料或生物质的储量。

$$2H_2O \rightarrow 2H_2 + O_2 \tag{2-9}$$

水电解需要在电解槽中进行。根据电解质类型的不同，电解槽可以分为碱性电解槽、质子交换膜电解槽、固体氧化物电解槽和碱性阴离子交换膜电解槽等。

1. 常规的水电解方法

碱性电解槽和质子交换膜电解槽可以在几十摄氏度的温度条件下工作，是最成熟的电解技术，通常用于商业目的的制氢厂。在碱性电解装置中，两个电极浸泡在高浓度的碱性溶液中，通常是KOH或NaOH溶液。带负电的氢氧根离子（OH^-）充当电荷载体，可以穿过阴离子选择性多孔隔膜，在溶液中从阴极转移到阳极，然后在阳极生成水。

$$\text{阴极} \quad 4H_2O + 4e^- \rightarrow 2H_2 + 4OH^- \tag{2-10}$$

$$\text{阳极} \quad 4OH^- \rightarrow O_2 + 2H_2O + 4e^- \tag{2-11}$$

$$\text{总反应} \quad 2H_2O \rightarrow 2H_2 + O_2 \tag{2-12}$$

质子交换膜电解的基本机理与碱性电解相似，遵循相同的电化学反应，但发生在酸性环境中。由于它采用了酸性质子交换膜作为固体电解质，电解质中的电荷载体是氢离子（H^+），这是与碱性电解最大的区别，反应方程如下：

$$\text{阳极} \quad 2H_2O \rightarrow O_2 + 4H^+ + 4e^- \tag{2-13}$$

$$\text{阴极} \quad 4H^+ + 4e^- \rightarrow 2H_2 \tag{2-14}$$

$$\text{总反应} \quad 2H_2O \rightarrow 2H_2 + O_2 \tag{2-15}$$

上述两种类型的电解槽如图2-3所示。质子交换膜电解允许紧凑的系统设计，可快速响应并拥有更高的电流密度，其能量效率略高于碱性电解。然而，质子交换膜电解槽要求贵金属作为电极，如铂；而碱性电解槽则可以使用镍基或铁基电极。

2. 固体氧化物电解

与上述两种室温电解技术相比，固体氧化物电解具有更高的工作功率和能效。在固体氧化物电解槽中，电和热共同驱动水分解反应。固体氧化物电解的研究起步较晚，尚未用于商业化制氢，但其逆过程（固体氧化物燃料电池）和较低的估计成本预示着其未来的潜力。在500~1000℃的条件下，水（蒸汽）分解为氢和氧。在该体系中，O^{2-}作为电荷载体，在阴极产生的O^{2-}移动到阳极，然后被氧化生成O_2，反应方程如下：

$$\text{阴极} \quad 2H_2O + 4e^- \rightarrow 2H_2 + 2O^{2-} \tag{2-16}$$

$$\text{阳极} \quad 2O^{2-} \rightarrow O_2 + 4e^- \tag{2-17}$$

碱性电解、质子交换膜电解和固体氧化物电解的基本信息和特性见表2-2。

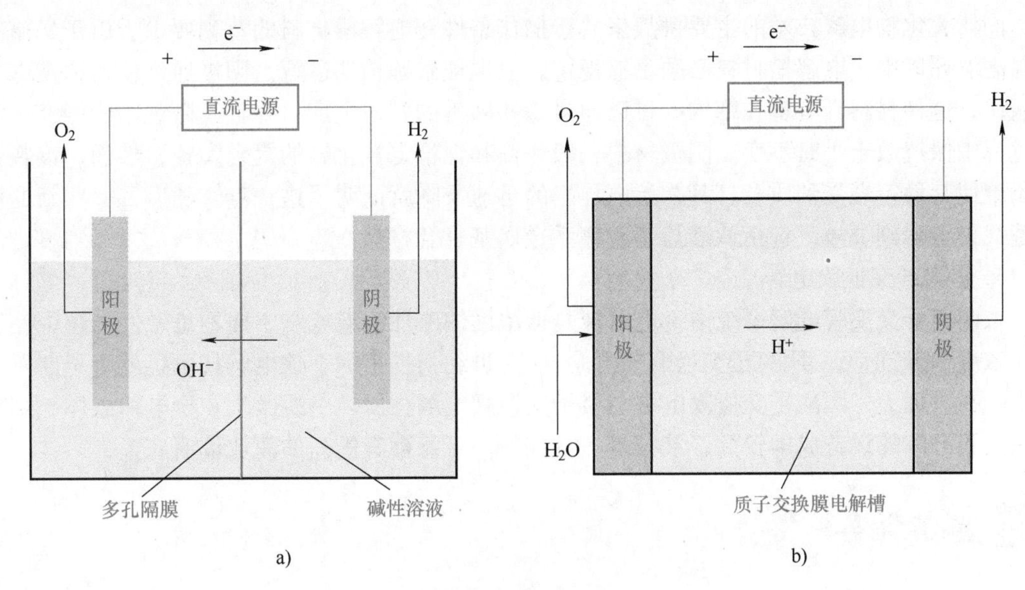

图 2-3 电解槽示意图

a）碱性电解槽 b）质子交换膜电解槽

表 2-2 碱性电解、质子交换膜电解和固体氧化物电解的基本信息和特性

	碱性电解	质子交换膜电解	固体氧化物电解
电解质	NaOH/KOH（溶液）	聚合物（固体）	陶瓷材料（固体）
电荷载体	OH^-	H^+	O^{2-}
电极材料	镍及镍合金	铂族金属	陶瓷金属复合材料
温度/℃	60~90	50~90	500~1000
压力/MPa	0.2~1	1.5~3	低于3
电流密度/(A/cm²)	0.2~0.5	1~2	0.3~1
效率（%）	62~82	67~84	81~86
系统寿命/年	20~30	10~20	—
制氢量（最大）/(Nm³/h)	760	30	—
年退化率（%）	2~4	2~4	17
是否需要隔膜	√	×	×
是否商业化	√	√	×
优点	寿命长	高电流密度	高效能
	成本低	系统设计紧凑	耗电量小
	成熟度高	响应快速	可逆操作
	大槽堆尺寸	动态优势	低成本
	—	—	可与其他技术结合
缺点	低电流密度	需要贵金属材料	环境苛刻
	腐蚀性电解液	寿命短	电极不稳定
	气体混合	膜成本高	存在密封问题

固体氧化物电解技术的主要挑战来自于操作条件对电解槽材料的苛刻要求。由于暴露在高温高湿环境中，电解槽材料必须足够稳定，以保证系统长期运行。阳极通常使用掺杂锶的镧锰矿，这种材料具有多孔结构，可以通过一些廉价的方式生产，并且其微观结构能够在测试过程中保持数千小时不变。阴极材料一般为镍和钇稳定氧化锆的复合陶瓷，然而，镍颗粒的团聚使其稳定性受到质疑，其初始电导率的迅速下降就证明了这一点。随后，一些新的阴极替代材料得到关注，包括钛酸盐基和镧系金属基复合材料。

3. 阴离子交换膜电解

在阴离子交换膜电解系统中，电解液是低浓度的碱性溶液或水，而不是碱性电解中使用的高浓度 KOH 溶液。阴离子交换膜概念是在 21 世纪初提出的，该电解技术仍处于早期发展阶段。在原理上，阴离子交换膜电解与质子交换膜电解相似，主要区别在于电荷载体。阴离子交换膜电解的设备成本较低，该技术一旦成熟，可能会有更高的商业价值。

2.2 氢的储存

氢气是一种轻便而清洁的能源，但它在常温和常压下是气体，对于小质量的氢气来说，需要特殊的方法来储存。氢的储存是氢能技术的关键部分，主要的储氢技术如图 2-4 所示，主要包括物理储存和化学存储。

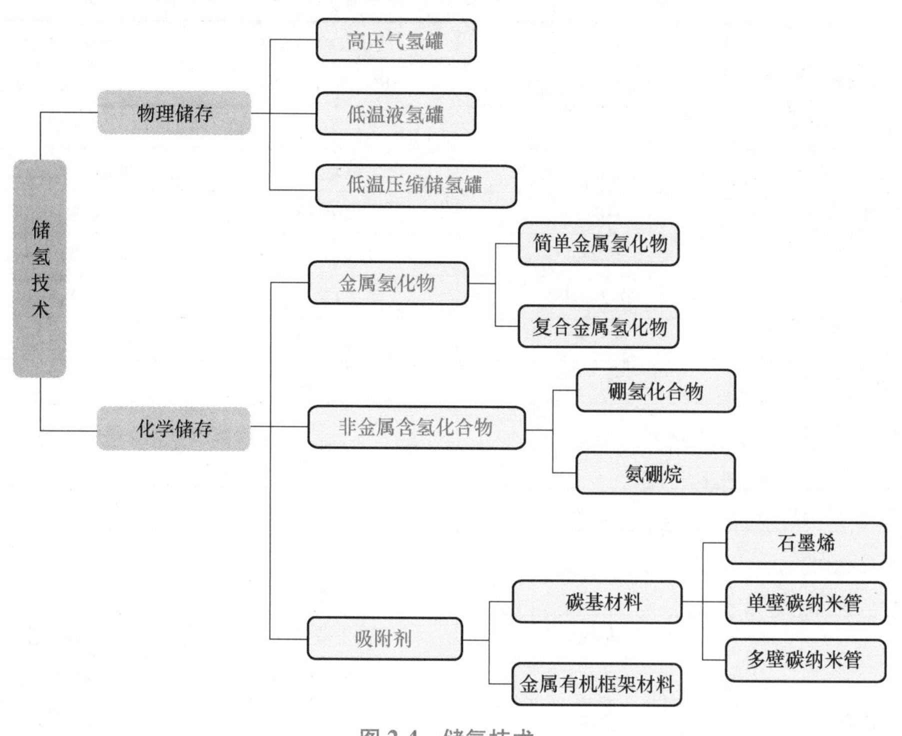

图 2-4　储氢技术

2.2.1　高压气氢储存

将氢气压缩到高压，然后存储在储气罐或气体管道中，这种方法可以增加氢气的密度，减小所占空间。高压储氢罐有 4 种不同形式：Ⅰ型、Ⅱ型、Ⅲ型和Ⅳ型，对比见表 2-3。

表 2-3　高压储氢罐对比

类型	材料	典型压力/MPa	质量储氢密度/wt%
Ⅰ	全金属材料	17.5~20	1.7
Ⅱ	金属内胆+玻璃纤维环向覆盖	20~30	2.1
Ⅲ	金属内胆+复合材料完全覆盖	35~70	5~5.5
Ⅳ	全复合材料	35~70	5~5.7

Ⅰ型：全金属压力容器。由于其低廉的价格和广泛的可用性，这一型号在同类产品中脱颖而出，通常由铝或钢制成。

Ⅱ型：在钢制压力容器上环向覆盖玻璃纤维复合材料，两者的设计荷载相当。虽然Ⅱ型容器的质量比Ⅰ型容器小 30%~40%，但其制造成本却高出 50%左右。

Ⅲ型：在金属内胆上完全覆盖复合材料。金属内胆通常为铝，几乎不承受容器的压力载荷。尽管Ⅲ型容器在 45MPa 的压力下被证明是可靠的，但在超过 70MPa 的压力下，仍然难以满足循环测试要求。

Ⅳ型：全复合材料。Ⅳ型容器与Ⅲ型容器的主要差异在于其使用了塑料内胆，高密度聚乙烯被广泛用作内胆材料，而外部的碳纤维或碳玻璃复合材料承受荷载。Ⅳ型容器是最轻的储氢压力容器，可承受 100MPa 的压力。

2.2.2　低温液氢储存

液氢储存难点在于将氢气维持在液化所需的极低温度下。液氢的沸点非常低，在 0.1MPa 时约为−253℃，并且当温度超过 73℃时，氢气在节流（绝热、等焓膨胀）过程中不会冷却，因此，在液化过程中，氢气需要通过液氮蒸发进行预冷却。

常规的氢气液化过程包括 3 个主要步骤，如图 2-5 所示。第 1 步，把纯氢气压缩到一个高于临界点的压力（过程 1→2）。第 2 步，将压缩氢气通过两个步骤冷却到低温（过程 2→4）：预冷阶段（过程 2→3）和最终冷却阶段（3→4）。在预冷阶段，氢气从环境温度冷却到较低液氮温度水平（80K ± 15K，$T_K = t_{℃} + 273.15$），在随后的最终冷却阶段，氢气再次被冷却到 22~45K 的温度。第 3 步，通过节流阀将氢气从高压膨胀到低压（过程 4→5）。

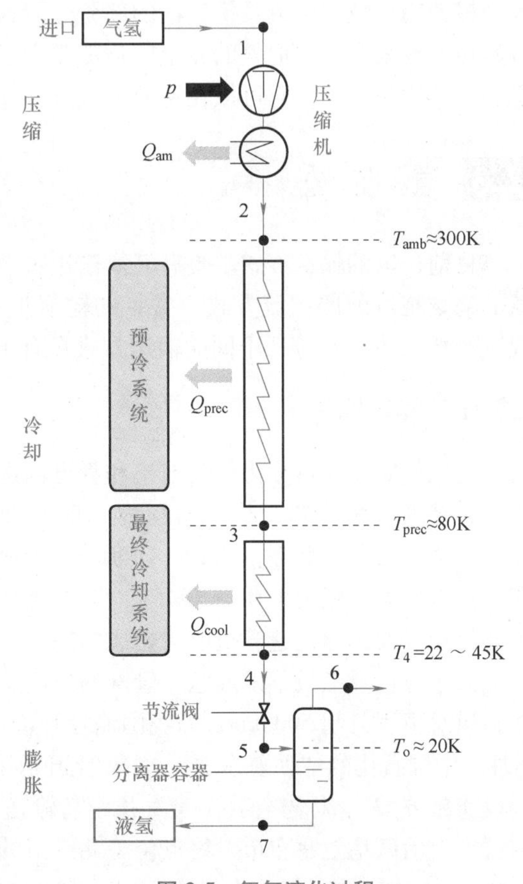

图 2-5　氢气液化过程

2.2.3　化学储氢

化学储氢是一种在特定条件下储氢介质与氢气反应形成稳定化合物，并随后通过调整条件来释放氢气的技术。这种储氢方式通常涉及与储氢材料之间的化学相互作用，使氢原子与储氢材料之间形成化学键或作用力，将氢吸附到材料的表面或内部微孔中。化学吸附储氢材料大致可分为金属氢化物、非金属含氢化合物、复合氢化物、镁基合金和纳米结构材料等。

金属氢化物是最广泛的化学储氢物质，金属氢化物中金属与氢可以形成强化学键，不容易断裂。因此，从金属氢化物中释放氢需要很高的能量。与金属相关的强化学键氢化物使氢即使在常压条件下也具有较高的储存密度。储氢过程中，氢被储氢合金材料捕获，并经历放热反应以形成金属氢化物，而在脱氢过程中，金属氢化物在高温和相对低压下经历吸热反应，这样氢就可以再次释放出来。从金属氢化物中提取氢的方法有两种，一种是将金属氢化物加热到一定温度的热分解法，另一种是金属氢化物与水发生反应的水解法。上述两种脱氢方式差别较大，热分解是吸热、可逆的，需要高温，并且发生在固体中，而水解是放热、不可逆的，发生在溶液中，并且可能在室温下自发发生。硼氢化钠（$NaBH_4$）是最具潜力的基于水解的储氢金属氢化物。

非金属含氢化合物是由较轻的元素构成的，它们的特性与金属氢化物不同，主要的区别在于，非金属含氢化合物通常以液态存在。用于储氢的非金属含氢化合物的物质包括甲醇、氨和甲酸等。①甲醇的生产可以通过二氧化碳的氢化或从不同的生物质资源获得。从甲醇中提取氢可以通过不同的方法实现，包括蒸汽重整、部分氧化或热裂解（分解）。蒸汽重整的主要优势在于每 1mol 甲醇能释放 3mol 氢气。此外，甲醇-水混合物不仅可用于储氢，还可用于 CO_2 储存。②氨是一种高含氢的物质，然而，若使用氨作为储氢介质，脱氢过程是在大规模使用该技术中最具挑战性的部分。因为氨在 200℃ 以上开始分解，氨转化为氢可以通过其热分解来完成，但氨的完全转化需要高于 650℃ 的温度。③甲酸作为储氢介质相对于甲醇和氨的优势在于，它可以在室温下脱氢。

2.3 氢的输送

目前，氢的输送方式主要有气氢输送、液氢输送和固态氢输送 3 种方式，其中气氢和液氢的输送是目前的主流方式。常见的输氢形式包括长管拖车、槽罐车、管道（纯氢管道、混氢天然气管道）等，不同的输送方式具有不同特点及适应性。

2.3.1 气氢输送

高压气氢输送可分为长管拖车和管道输送两种方式。长管拖车是氢气近距离输送的重要方式，技术较为成熟，其运输压力一般为 20~50MPa。目前，国内长管拖车工作压力以 20MPa 为主，氢气装载量为 350~400kg。管道输送是实现氢气大规模、长距离运输的重要方式，工作压力一般为 1.0~4.0MPa。与长管拖车输送相比，管道输送成本低、效率高，具有极佳的经济性，但建造管道的初始成本高。

欧美是世界上最早发展氢气管网的地区，至今已有 70 年历史，目前全球范围内氢气输送管道总里程已超 5000km，而我国输氢管道建设尚处于起步阶段，发展潜力巨大。2023 年 4 月，中国石化的“西氢东送”输氢管道示范工程已被纳入《石油天然气“全国一张网”建设实施方案》，标志着我国氢气长距离输送管道进入新发展阶段。“西氢东送”管道起于内蒙古自治区乌兰察布市，终点位于北京市的燕山石化，管道规划经过内蒙古、河北、北京 3 省（区市）9 个县区，全长 400 多千米，一期管道运力 10 万 t/年，并且预留了 50 万 t/年的远期提升潜力。中国石化的“西氢东送”管道是我国首条跨省区、大规模、长距离的纯氢输送管道。

混氢天然气输氢技术是近年发达国家提出的氢气输送新方案。该技术利用现有的天然气管道设施，在现有的天然气管道体系中掺入一定浓度的氢气，形成氢气-天然气混合气体来进行运输，这样可以避免庞大的输氢管网建设投资。根据终端用户的需求，氢气-天然气混合气体既可以作为燃料直接使用，也可以在管道下游分离出氢气使用。从天然气中提取氢气可以采用变压吸附、膜分离和电化学氢分离等技术实现。

2.3.2 液氢输送

液氢质量密度和体积密度远高于气氢，是理想的储氢方式，但是单元质量氢的输送成本高，通常适用于距离较长（≥200km）、输送量较大的场合，可以采用液氢罐车或液氢驳船输送。据测算，当输送距离超过300km后，液氢的输送成本仅为高压气氢输送的1/8~1/5。

国外液氢技术的发展已经相对成熟，液氢储存和输送等环节已进入规模化应用阶段，然而我国的液氢输送技术仍处于起步阶段。2023年3月，中集安瑞科旗下中集圣达因低温装备有限公司正式开工建造国内首台民用液氢罐车。

2.3.3 固态氢输送

轻质储氢材料，比如镁基储氢材料，具备高体积储氢密度和高质量储氢密度，因此在氢燃料输送方面潜力巨大。将固态储氢容器仅用作随车储氢装置，同时将加热介质和设备固定安装在充氢和用氢现场，能够实现氢气的迅速充装和高密度高安全性的输送。

2023年4月，由上海交通大学等相关单位联合研发的吨级镁基固态储氢车正式亮相。该车长13.3m，最大储氢量可达1t，车内装载了12个储氢容器，每个容器里面都装填了镁基固态储氢材料。将氢气存储在镁合金材料里，使得运输气体变成运输固体，可实现氢气的长距离、常温常压安全储运，并具备大容量、高密度、可长期循环储放氢的能力，运氢成本仅为长管拖车的1/3。

2.4 氢的应用

氢广泛应用于各种工业领域，如冶金、塑料、玻璃、电子、电力、化学、食品、石油等。表2-4总结了氢在工业领域的应用。此外，氢气可用于大规模的能量转换应用，如内燃机的直接燃烧或燃料电池的燃料。与燃料电池相比，基于燃烧的氢发动机的主要优点在于对氢的纯度要求较低，并且具有经济性。

表2-4 氢在工业领域的应用

工业领域	用途
冶金	焊接
	脱氧剂
	热处理，以提高韧性和加工质量、增加抗拉强度、缓解应力、硬化、改变电学或磁学特性
	铁、钼等生产工艺中的还原剂

（续）

工业领域	用途
塑料	塑化处理，用于生产可回收的更轻分子
	合成尼龙、聚酯、聚氨酯和聚烯烃
玻璃	光纤热处理
	浮法玻璃工艺中的还原剂
	高温切割
	玻璃抛光
电子	材料热键合
	多晶硅外延生长
	真空管制造
电力	核燃料处理
	大型发电机冷却液
化学	合成甲醇、氨等
食品	食用油转化为脂肪
	动物脂肪和油脂转化为动物饲料
	糖转化为多元醇
石油	大分子碳氢化合物大烃加氢裂解为馏分油燃料
	除去硫和其他杂质

2.4.1 氢内燃机

适合燃烧氢气的内燃机有两种，即火花点火式（Spark Ignition）和柴油循环式（Diesel Cycle）发动机。氢气被认为是一种清洁有效的燃料，可以替代汽油在点火式发动机中使用。使用氢气作为燃料的点火式发动机比使用汽油的发动机具有更高的热效率，而且氢气与汽油的不同体积混合比在单缸点火式发动机中表现出更高的效率，同时对环境更友好。

柴油循环发动机不能使用纯氢燃料，但可以与其他燃料混合使用。在柴油发动机中使用掺氢燃料，可以减少 CO、CO_2 的排放，但也导致 NO_x 排放量的增加。研究表明，在柴油发动机燃料中增加 H_2，在不同负载下柴油发动机的热效率都有所提高，但可能会消耗更多的燃料。

2.4.2 氢燃料电池

燃料电池是直接将化学能转化为电能的装置，主要由阳极、阴极和电解质组成，电解质允许离子在两者之间转移。燃料电池的种类很多，商业化程度最高的是质子交换膜燃料电池和固体氧化物燃料电池。氢燃料电池具有燃料能量转化率高（约为 60%～70%）、噪声低以及零排放等优点，可广泛应用于汽车、飞机、列车等交通工具以及固定电站等方面。

氢燃料电池电动汽车是氢能在交通领域的主要应用场景。氢燃料电池电动汽车主要由燃料电池、低压辅助电池、储氢罐、驱动电机、DC/DC 转换器、热管理系统、动力控制装置

等组成，如图 2-6 所示。燃料电池并非直接燃烧燃料产生动力，而是利用电化学将氢气和氧气的化学能转化为电能。低压辅助电池是在牵引电池组起动之前提供电力，同时也为车辆附件供电。储氢罐即燃料箱，储存氢气为燃料电池提供燃料。驱动电机通过使用燃料电池和牵引电池组的动力来驱动车辆，一些车辆既能执行驱动功能也能进行能量回收。DC/DC 转换器能够将来自牵引电池组的高压直流电转换为车辆附件运行和低压辅助电池充电所需的低压直流电。

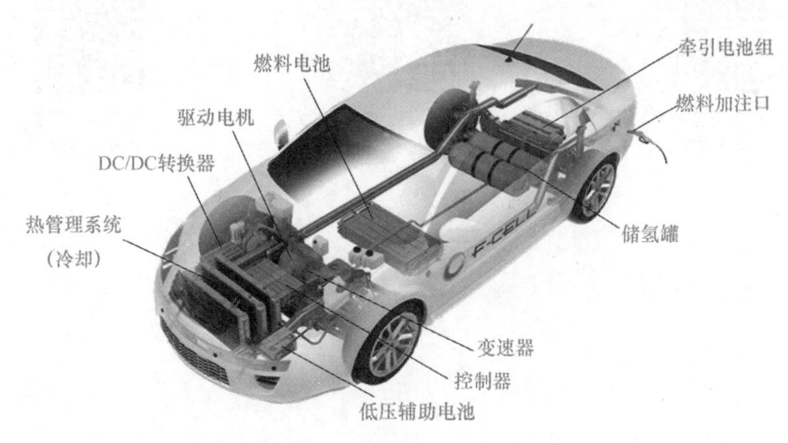

图 2-6 氢燃料电池电动汽车

与纯电动车一样，燃料电池电动汽车使用电力来驱动电动机。与纯电动车不同的是，燃料电池汽车使用氢燃料电池产生电能，而不是仅从电池中获得电能。在车辆设计过程中，车辆制造商通过电动机的大小来定义车辆的功率，电动机从适当功率的燃料电池和电池组合中接收电力。车上储存的能量大小由氢气燃料罐的尺寸决定。

燃料电池电动汽车适用于重型和长途运输，在续驶里程要求高、载重量大的市场中更具竞争力，未来发展方向为重型卡车、长途运输乘用车等。相比纯电动车型，燃料电池车克服了能源补充时间长、低温环境适应性差等问题，提高了营运效率，与纯电动车型应用场景形成互补。根据国际氢能协会分析，燃料电池汽车在续驶里程大于 650km 的交通运输市场具有成本优势。鉴于小客车和城市公共汽车里程通常较短，纯电动汽车则更有优势。

目前，燃料电池汽车行业正处于发展初期，燃料电池汽车的购置成本仍然较高，这成为限制其市场化的主要因素，因此尚未达到完全商业化的水平。值得一提的是，北京冬奥会期间共计 816 辆氢燃料电池汽车投入运营、服务冬奥。在补贴政策、产业链持续降本、减碳需求等多重因素的推动下，氢燃料电池汽车产业规模将步入新的发展阶段。

简答题

1. 简述甲烷蒸汽重整法制备氢气的原理，列举其中的关键反应步骤。
2. 比较液态氢和气态氢储存系统的优缺点。
3. 探讨新型储氢材料的研究进展。
4. 比较液态氢和气态氢在运输中的适用场景。
5. 与纯电动汽车相比，氢燃料电池电动汽车的优势在哪里？

6. 探讨氢能在铁路、航空以及海运等领域的潜力。

7. 探讨氢能与其他可再生能源之间的协同作用，例如太阳能和风能如何同氢能产生互补效应。

8. 分析氢能在能源系统中的战略地位，并简述氢能如何满足未来能源需求。

第3章 流量测试与计量技术基础

3.1 计量基本概念

3.1.1 计量的定义

计量是人们定量描述物质世界，揭示自然界物质运动规律，改造客观世界的一种不可缺少的手段。计量也被誉为“工业的眼睛，是工业自动化的神经中枢”。计量学作为一门学科，它同国家法律、法规和行政管理紧密结合的程度，在其他学科中是少有的。按照国际计量局（Bureau International des Poids et Mesures，BIPM）、国际标准化组织（International Organization for Standardization，ISO）、国际法制计量组织（Organisation Internationale de Métrologie Légale，OIML）、国际临床化学联合会（International-Federation-of-Clinical-Chemistry，IFCC）、国际理论和应用化学联合会（International Union of Pure and Applied Chemistry，IUPAC）以及国际理论与应用物理学联合会（International Union of Pure and Applied Physics，IUPAP）6个国际组织联合制定的《国际通用计量学基本术语》（2004年第3版），计量学被定义为“测量学科”，并在注解中说明：“计量学包括涉及测量理论和实用的各个方面，不论其不确定度如何，也不论其用于什么测量技术领域。”全国法制计量管理技术委员会发布的JJF 1001—2011《通用计量术语及定义》中，定义计量是实现单位统一、量值准确可靠的活动。内容包括以下6个方面：①计量单位与单位制；②计量器具或测量仪表，包括实现计量单位的计量基准、计量标准与工作计量器具；③量值传递与溯源，包括检定、校准、测试、检验与检测；④物理常量、材料与物质特性的测定；⑤测量不确定度、数据处理与测量理论及其算法；⑥计量管理，包括计量保证与计量监督等。

计量是在度量衡基础上发展起来的，随着生产和科学技术的发展，特别是物理学科的发展，需要测量的量值种类越来越多，原有的度量衡概念已远远不能适应社会发展的需要，因而逐步以“计量”取代了度量衡。随着科技发展，计量范围不断扩展，准确度要求不断提高。

3.1.2 计量的分类

人们从不同角度，对计量学进行过不同的划分。按计量应用的范围，即按社会服务功能划分，通常把计量分为科学计量、法制计量和工业计量。从计量学的历史发展进程来看，计量学的发展也是经过科学计量学，发展到法制计量学，进而扩展至工业计量学。

科学计量是基础性、探索性、先行性的计量科学研究，具体指关于研究计量单位及其基准、标准的建立、复现、保存和传递；测量方法及其运用；测量不确定度的评定；根据预定目的进行测量操作的测量设备；以及进行测量的观测人员及其影响；计量学研究与测量有关的一切理论和实际问题。科学计量是国家计量科学研究机构的主要任务，是实现单位统一、量值准确可靠的重要技术保障。

法制计量是计量工作的特色体现，是政府及其法定计量机构的工作重点。按《通用计量术语及定义》，“法制计量”是计量的一部分，即与法定计量技术机构所执行工作有关的部分，涉及计量单位、测量方法、测量设备和测量实验室的法定要求。法制计量内容主要包括：计量立法，统一计量单位，对有关测量方法、计量器具和法定计量技术机构及测量实验室实施依法管理。这些工作必须由法定计量技术机构或授权的计量技术机构来执行。法制计量是政府行为，是政府的职责，是计量管理的重点。我国的法制计量范围包括：商贸结算、医疗卫生、环境检测和安全防护领域的计量以及量值传递或量值溯源。

工业计量是指为工业提供的校准与测试服务，即利用可溯源到国家和计量基准，保证测量结果准确、一致并利用测量（检验、试验、理化分析等）设备，按生产工艺和工序控制要求检测产品（含硬件、软件、流程性材料和服务）特性和功能所进行的技术测量。它的内容包括建立校准、测试服务市场，建立企业计量测试体系，开展各种计量测试活动，发展仪器仪表产业等方面。例如，有关能源或材料的消耗、工艺流程的监控以及产品质量与性能的测试等。工业计量测试能力实际上是一个国家工业竞争力的重要组成部分，在以高技术为基础的经济构架中显得尤为重要。工业计量为计量在国民经济中的实际应用开拓了广阔的前景和领域。工业计量学也称为技术计量学，或应用计量学。

以上 3 个方面相互关联、相互连接，具有十分密切的关系，构成了完整的计量体系。它们之间的界限是难以完全区分的，无论是在国家、政府，还是在企事业单位，其计量体系都包括科学计量、法制计量和工业计量及其相关活动，只是侧重点不同。三大计量为我国融入世界现代计量体系，进一步发展计量事业奠定了良好的基础。

我国按专业把计量分为十大类计量：几何量计量、力学计量、热工计量、时间计量、电磁计量、光学计量、无线电计量、声学计量、化学计量和电离辐射计量。其中力学计量是涉及质量、力值、密度、容量、力矩、机械功率、压力、真空、流量以及位移、速度、加速度、硬度等量的测量。因为流量也是常用的热工量参数，热工计量工作中也包括流量计量。

3.1.3 计量的特点

计量活动以单位统一、量值准确可靠为目的，其具有以下 4 个特点：

1. 准确性

准确性是计量的基本特点。它表征的是计量结果与被测量真值的接近程度。严格地说，只有量值，而无准确程度的结果，不是计量结果。也就是说，计量不仅应明确给出被测量的量值，而且还应给出该量值的不确定度（或误差范围），即准确性。更严格地说，还应注明计量结果影响量的值或范围。否则，计量结果便不具备充分的社会实用价值。所谓量值的统一，是指在一定准确程度内的统一。

2. 一致性

计量单位的统一是量值一致的重要前提。无论在任何时间、任何地点，采用任何方法、使用任何器具以及任何人进行计量，只要符合有关计量的要求，计量结果就应在给定的不确定度（或误差范围）内一致。否则，计量将失去其社会意义。计量的一致性，不仅限于国内，而且也适用于国际。

3. 溯源性

在实际工作中，由于目的和条件的不同，对计算结果的要求亦各不相同。但是，为使计量结果准确一致，所有的同种量值都必须由同一个计量基准（或原始标准）传递而来。换句话说，任何一个计量结果，都能通过连续的比较链溯源到计量基准。这就是溯源性。可以说，“溯源性”是“准确性”和“一致性”的技术归宗。因为，任何准确、一致，都是相对的，是与当代的科技水平和人们的认识能力密切相关的。也就是说，“溯源”可以使计量科技与人们的认识相对统一，从而使计量的“准确”和“一致”得到技术保证。就一国而论，所有的量值都应溯源于国家计量基准；就国际而论，则应溯源于国际计量基准或约定的计量标准。否则，量值出于多源，不仅无准确、一致可言，而且势必造成技术上和应用上的混乱，以致酿成严重的后果。

4. 法制性

计量本身的社会性就要求有一定的法制保障。也就是说，量值的准确、一致，不仅要有一定的技术手段，而且还要有相应的法律、法规的行政管理，特别是那些对国计民生有明显影响的计量，诸如社会安全、医疗保健、环境保护以及贸易结算中的计量，更必须有法制保障。否则，量值的准确、一致便不能实现，计量的作用也就无法发挥。

计量科学的研究不仅涉及有关计量科学技术，同时涉及有关法制计量和计量管理的内容。计量是科学技术和管理的结合体，两者相互依存、相互渗透，即计量管理工作具有较强的技术性，而计量科学技术中又涉及较强的法制性。计量学通常采用了当代的最新科技成果，计量水平往往反映了科技水平的高低。计量与当代最前沿科学技术有着密切互动关系。当代基础性研究在继续依靠科学家创造性思维的同时，越来越依靠于复杂、精密、宏大的实验系统和科学测量手段。计量又是科学技术的基础，没有计量就没有科技的发展，计量学的发展将大大推动着科学技术的发展。

3.2 量值计量体系

3.2.1 国际计量体系

科学和技术的发展，特别是交通和通信的进步，使我们的地球相对缩小，而各区域、各国家、各经济体之间的相互影响和依赖却在增大。“地球村”的概念正在被人们逐步接受和成形。目前“全球计量体系（Global Metrological System，GMS）”已成雏形。

1875年，17个国家的代表在法国巴黎签署《米制公约》，确立了以“米制”为基础的国际通行的计量单位制，建立了协调全球计量工作的、永久的国际计量组织框架。140多年来，计量随着科技进步和经济社会发展不断演进，形成了由国际计量局、国际法制计量组织、区域计量组织、国家计量院共同构成的国际计量架构。中国于1976年经国务院批准以正式成员国身份加入《米制公约》，目前是全部10个国际计量咨询委员会成员。

广义的国际计量局（BIPM）是指《米制公约》成立的政府间国际计量组织，各成员国通过该组织共同开展计量科学与计量标准有关工作。BIPM的成员国包括米制公约正式成员国和国际计量大会附属成员国两类。截至2019年7月，共有59个正式成员国和42个附属成员国和经济体。这些成员国包含了193个联合国成员中的109个，囊括了所有工业化国家和主要贸易国，成员国的国内生产总值之和占全球国内生产总值的98%。第26届国际计量大会（Conference Generale des Poids et Mesures，CGPM）确定了 BIPM 的 3 个目标：①代表世界测量界，最大限度地扩大其受众和提升其影响力；②作为成员国间科学和技术合作的中心，以费用分摊的方式提供开展国际测量比对的能力；③作为世界测量体系的协调者，确保该体系给出可比和国际认可的测量结果。BIPM 旨在实现成员国间计量能力的全球平衡的能力建设工作；旨在确保 BIPM 的工作发挥最大效力的知识传播工作。

国际法制计量组织是协调全球法制计量规则一致性的政府间国际组织。1955 年 10 月 12 日，24 个国家在巴黎签署的《国际法制计量组织公约》成立。此公约的宗旨是使各经济体实施有效的、互相兼容的、国际认可的法制计量基础设施，从而促使政府承担起促进贸易便利化、建立互信和协调全球消费者保护水平的责任。最高权力机构会议是国际法制计量大会，每 4 年召开一次会议，成员国均有权派代表团出席。领导和决策机构是国际法制计量委员会，由各成员国政府任命的一名代表组成，每年召开一次会议。常设执行机构是国际法制计量局，总部设在巴黎，设有 18 个技术委员会和 45 个分技术委员会。截至 2018 年 4 月，OIML 共有 62 个正式成员和 64 个通信成员。OIML 开展的工作主要包括：制定与颁布有关法制计量的国际计量规范，即国际建议（International Recommendations）和国际文件（International Documents）等；推行 OIML 证书互认制度（OIML Certification System，OIML-CS）；提升新兴国家和经济体的计量体系等。中国于 1985 年 4 月 25 日成为 OIML 正式成员国，由国家市场监督管理总局代表国家参加 OIML 各项活动。中国长期担任 OIML 主席理事会成员，在 OIML 中发挥了重要作用。

区域计量组织（Regional Metrology Organization，RMO）是各个区域国家（经济体）计量机构的联盟。目前全球共有 6 个获得国际度量衡委员会（Conference International des Poids et Measures，CIPM）认可的 RMO，即亚太计量规划组织、欧洲计量合作组织、美洲计量组织、欧亚计量合作组织、非洲计量组织和海湾计量联合会。亚太计量规划组织于 1971 年由英联邦国家发起创建，成员主要包括印巴次大陆和大西洋东海岸国家，1980 年起扩大到非英联邦国家和经济体，并正式成立。截至 2019 年 7 月，共有来自 25 个经济体的 44 个正式成员机构和来自 11 个经济体的 12 个附属成员机构，美国和英国以及来自中亚和中东地区的多个国家也相继加入亚太计量规划组织。我国是当前 4 个执行委员会成员之一。

中国计量科学研究院（以下简称“中国计量院”）是目前我国唯一获国际法制计量组织批准的 OIML 证书发证机构（OIML Issuing Authority）。为顺应国际法制计量组织证书体系（OIML Certification System）改革，2017 年 5 月 20 日，国际法制计量委员会中国委员正式通知国际法制计量组织，指定中国计量院为 OIML-CS 证书体系下的中国 OIML 证书发证机构。中家计量院作为我国最高计量科学研究中心和国家级法定计量技术机构，担负着确保国家量值统一和国际一致、保持国家最高测量能力、支撑国家发展质量提升、应对新技术革命挑战等重要而光荣的使命。自 1955 年成立以来，中家计量院在推动我国科技创新、经济社会发展和满足国家战略需求方面做出了重要贡献。中国计量院现有国家计量基准 133 项，标准 359 项，有证标准物质 1603 项，国际计量局公布的国际互认的校准和测量能力 1576 项。

由于计量工作的专业性，为保证量值的一致性，建立了国际计量技术法规，一般是由一些国际性计量组织承担生成和推进任务，其计量技术法规通常分为国际建议和国际文件。其中，国际建议包括计量基准，标准器具（使用选择原则），量值传递系统，技术判定原则，法制鉴定，技术规程（检定规程），校准方法（测定方法），标准物质，器具特性（通用要求）等。国际文件包括《计量法》、法定计量单位、计量监督原则、计量互认协议导则、计

量人员资质管理等。目前，国际计量技术法规是世界贸易组织所允许和认可的技术法规的主要部分，也是联合国有关部门协调技术问题时所依据的重要文件，约为 160 个，其中，国际建议 130 个左右，国际文件 30 个左右。

3.2.2　我国计量体系

国家计量体系作为社会性基础设施，对保证国民经济正常运行、促进产业发展与升级、保证产品质量以及保护产品参与国际市场竞争具有重要作用。大众健康、公共安全事关民生大计，加强食品安全、医疗卫生领域的监管，需以准确的成分量测量为支撑，以健全的国家计量体系为保障。为保障我国计量工作顺利进行，从法律法规、行政管理和计量器具方面建立了三大计量体系，包括国家计量法律法规体系、国家计量行政管理体系、国家计量基准和拥有各级计量标准的技术机构所构成的量值溯源体系。

1. 国家计量法律法规体系

我国计量法律法规体系主要由 3 个层次构成：

1）计量法律即《中华人民共和国计量法》（简称《计量法》），该法律于 1985 年 9 月 6 日由第六届全国人民代表大会常务委员会第十二次会议通过，正式颁布，于 1986 年 7 月 1 日正式实施。它用法律形式确定了我国计量管理工作中遵守的基本规则，是我国计量管理的最根本依据，也是我国计量法体系中的基本法，或称母法。随着《计量法》颁布，我国计量工作迈入与国际接轨的法制计量轨道。

2）计量法规体系，包括国务院制定或批准的计量行政法规和省、自治区、直辖市人民代表大会及其常务委员会颁布的地方性计量法规以及民族自治区的人民代表大会颁布的自治条例和单行条例。如《中华人民共和国计量法实施细则》《中华人民共和国强制检定的工作计量器具检定管理办法》《关于在我国统一实行法定计量单位的命令》和各省、自治区、直辖市计量监督管理条例等。

3）计量行政规章，包括国务院计量行政部门制定的计量管理办法和技术规范，国务院有关部门制定的部门计量管理办法，县级以上人民政府计量行政部门制定的地方计量管理办法。如《计量标准考核办法》《国家海洋局计量监督办法》《浙江省贸易结算计量监督管理办法》等。

我国计量以《计量法》为准则，所有的计量活动均应符合其规定。例如，必须使用法定计量单位；对社会公用计量标准器具，部门和企事业单位使用的最高计量标准器具，以及用于贸易结算、医疗卫生、安全防护、环境监测等方面的计量器具，实行强制检定等。对法定计量检定机构设置、计量标准建立、计量器具新产品型式评价（定型鉴定）或样机试验、计量器具监督检查以及产品质量检验机构的计量认证等各个环节都必须有法律保障。否则，计量的准确性、统一性就无法实现，其作用也无法发挥。目前我国已形成了以《计量法》为核心，比较健全的法律法规体系。

除行政法规外，作为贯彻实施计量法律法规的重要技术支持，我国的计量技术法规已经形成了一个系统而庞大的体系，是进行量值传递、开展计量检定工作和计量管理的法律依据。计量技术法规是在科学实验的基础上形成的技术文件，是开展测量活动的技术规则和依据。在制定计量技术规范的过程中，需要确定相应的计量标准、标准物质，或是计量仪器装置；需要确定测量方法、测量程序、测量条件，并对测量结果进行分析、判定等。我国计量技术法规种类上明确分为：国家计量检定系统表、计量检定规程和计量技术规范。

国家计量检定系统表（简称检定系统）被定义为：国家对计量基准到各等级的计量标准直至工作计量器具的检定程序所做的技术规定。检定系统由文字和框图构成，内容包括：基准、各等级计量标准、工作计量器具的名称、测量范围、准确度（或不确定度或允许误差）和检定的方法等。制定检定系统的根本目的，是为了保证工作计量器具具备应有的准确度。在此基础上，应考虑量值传递的合理性，即制定检定系统时，各等级计量标准的准确度要求，必须从工作计量器具的准确度要求开始，由下向上地逐级确定。

计量检定规程是指为评定计量器具的计量性能，作为检定依据的、具有国家法定性质的技术文件；是从事计量检定工作的技术依据，是一种国家技术法规，从而保证计量器具的准确、一致。计量检定规程有 3 种：国家计量检定规程、部门计量检定规程、地方计量检定规程。国家计量检定规程，由国务院计量行政部门制定，在全国范围内实行。部门计量检定规程，由国务院有关主管部门负责制定，在本部门内实行。地方计量检定规程，由省、自治区、直辖市人民政府计量行政部门负责制定，在本行政区内实行。部门和地方计量检定规程须向国务院计量行政部门备案。计量检定规程的内容主要包括：检定规程的适用范围、计量性能、检定项目、检定条件、检定方法、检定周期以及检定结果的处理等。

计量技术规范包括计量校准规范和一些计量检定所不能包含的、计量工作中具有指导性、综合性、基础性和程序性的技术规范。如为了统一我国通用计量术语及定义和各专业的计量术语，国家颁布了《通用计量术语及定义》及有关专业计量术语的技术规范；为了推动我国计量校准工作的开展，制定了通用性强、使用面广的计量校准规范；为了促进计量技术工作，制定了不少有关的计量技术规范，如《测量不确定度评定与表示》等。计量技术规范的应用广泛，它在规范计量管理工作方面具有十分重要的作用，得到了广泛的应用。

目前，经我国国家计量行政管理部门确认和颁布的国家级计量技术法规共有 1278 个，其中国家计量检定规程 848 个，国家计量技术规范 158 个，国家计量检定系统表 93 个，国家计量基准、副基准操作技术规范 179 个。此外，我国还有 1300 多个地方性、部门性计量技术法规。我国现行有效的国家计量技术规范涉及几何、热工、力学、电学等各专业领域和交通、海洋、气象、测绘、环保等各行业，以及光伏、智能网联汽车、卫星导航等各产业，形成了较为完善的计量技术规范体系。

计量技术法规是计量工作的重要成果输出，具有广泛的社会意义，需要全社会共同遵守和使用，和计量工作一样，计量技术规范也具有科学性、准确性、法制性和统一性的特征。计量技术法规保障测量的统一和科学精准。对于科学发现和通过定量到定性分析确定的科学原理，如果没有按照统一的规则进行科学精准的测量，就无法被复现、被评价和被认可。

2. 国家计量行政管理体系

长期以来，我国形成国务院和政府计量行政部门、国防科工委、国务院有关部门和省、市、县地方政府管理计量工作的管理体系，负责组织《计量法》实施。其中国家市场监督管理总局计量司承担国家计量基准、计量标准、计量标准物质和计量器具管理工作，组织量值传递溯源和计量比对工作；承担国家计量技术规范体系建立及组织实施工作；承担商品量、市场计量行为、计量仲裁检定和计量技术机构及人员监督管理工作；规范计量数据使用。

国务院有关产业部门，如工业和信息化部，为实施《计量法》，管理本部门企事业单位的计量工作，设置计量行政机构，负责本部门所属企事业单位的计量工作。国家对国防计量工作实施监督管理的基本依据是《国防计量监督管理条例》，由国防科工委计量管理机构，

对中国人民解放军和国防科技工业系统国防计量工作实施统一监督管理。国防军工计量诞生于 20 世纪 50 年代初，为武器装备的发展，为以“两弹一星”和“载人航天”为代表的国防科技工业和国防现代化建设做出了不可磨灭的贡献。现在国防军工计量逐步从相对封闭走向军民融合发展，现已成为国防科技工业中军民融合发展的重要领域。

各省、自治区、直辖市市场监督管理局设有计量处，是所在省、自治区、直辖市人民政府主管计量业务的职能机构，主要职责是拟订并组织实施计量监督管理的制度措施；推行法定计量单位；监督管理计量标准及计量器具，组织量值传递溯源和计量比对工作；组织实施商品量、市场计量行为、计量仲裁检定、计量技术机构及人员的监督管理工作；组织规范计量数据使用；监督管理产业计量、能源资源计量工作。

3. 量值溯源体系

为保证被测对象量值的准确和一致，需要通过对计量器具的检定或校准，将国家基准所复现的计量单位量值通过各等级计量标准传递到工作计量器具，因而要建立国家计量基准和拥有各级计量标准的技术机构所构成的量值溯源体系。

国家计量基准是国家量值的最高依据，也是保障全国量值准确可靠的源头。国家计量基准是经国家鉴定、批准，在一个国家内作为对有关其他计量标准定值的依据，是在特定计量领域内复现和保存计量单位的，并且具有最高计量学特性。作为统一全国量值最高依据的计量器具，其溯源的终点是国际计量基准，即经国际协议承认的测量标准，在国际上作为对有关量的其他测量标准定值的依据，需经国际协议承认，在国际范围内，具有最高计量学特性。目前，我国拥有 185 项国家计量基准，覆盖了几何、热工、力学、电学等 10 个专业领域。获得国际承认的校准和测量能力达到 1859 项，国际排名升至第二。

副计量基准是通过与国家基准比对或校准来确定其量值，并经国家鉴定、批准的计量器具，其地位仅次于国家基准。一旦国家基准出现损坏，副基准可以代替国家基准。有的国家基准只起保存计量单位的作用，由副计量基准实际承担量值传递的“首脑”作用。根据实际情况，可以设立副计量基准，也可以不设立。

工作计量基准，又称工作基准器，简称工作基准，通过与“国家计量基准”或“副计量基准”比对或校准，用以检定计量标准的“计量器具”。建立工作基准的目的是为了有利于国家计量基准和副计量基准保持其原有的计量特性。有时也用工作基准来检定高准确度的工作计量器具。工作基准的数量较多，主要在省级政府或中央某些部门的计量检定机构中拥有，根据需要某些企业也可以拥有。

计量基准是一个国家与其他国家量值保持等效的接口，是促进国际合作和经贸往来的通用世界技术语言，是支撑国际贸易顺利进行、保障一个国家技术主权的重要基础，也是打破技术性贸易壁垒的关键。为了加强计量基准管理，根据《中华人民共和国计量法》《中华人民共和国计量法实施细则》有关规定，我国于 1987 年 7 月 10 日发布了《计量基准管理办法》。随着科技迅速发展，原有管理办法已不能满足各方面要求，2007 年 6 月 6 日，我国公布了新修订的《计量基准管理办法》，并于 2007 年 7 月 10 日起施行。新的《计量基准管理办法》参考国际上对计量基准的定义，从计量基准的实际作用方面对计量基准的内涵做出了重新规定，加强了对计量基准保存单位的要求，对计量基准保存单位的法律保障、运行经费、技术保障、人员、环境条件、质量体系、参与和组织比对的能力，以及进行量值传递的能力等方面做出了明确规定。因机构改革，2020 年 10 月 23 日，国家对《计量基准管理办法》进行修订，此修订中修改了部门名称。

计量标准处于量值传递（溯源）体系的中间环节，用以定义、实现、保持、复现单位或一个甚至多个已知量值的实物量具、测量仪器或测量系统，其目的是通过比较把该单位或量值传递到其他测量器具。广义地说，计量标准还可以包括用以保证测量结果统一和准确的标准物质、标准方法和标准条件，起着承上启下的作用，维护着全国量值的一致性。计量标准准确度低于计量基准，用于检定其他计量标准或工作计量器具。计量标准把计量基准所复现的单位量值逐级地传递到工作计量器具，以及将测量结果在允许的范围内溯源到国家计量基准上，保障着国家生产、科研、贸易、民生等方面量值传递体系的安全，支撑着国民经济和社会秩序的正常运行。计量标准的主要指标是其溯源性，即可以通过连续的比较链把它与国际标准器或国家标准器联系起来的性能。当然，准确度、稳定度、灵敏度、可靠性、超然性和响应特性等，也都是计量标准的重要指标。

计量标准可按精度等级、组成结构、适用范围、工作性质和工作原理进行分类。

1）按精度等级可分为在某特定领域内具有最高计量学特性的基准和通过与基准比较来定值的副基准，或具有不同精度的各等级标准。

2）按组成结构可分为单个的标准器，或由一组相同的标准器组成的、通过联合使用而起标准器作用的集合标准器，或由一组具有不同特定值的标准器组成的、通过单个地或组合地提供给定范围内的一系列量值的标准器组。

3）按适用范围可分为经国际协议承认、在国际上用以对有关量的其他标准器定值的国际标准器，或经国家官方决定，承认在国内用以对有关量的其他标准器定值的国家标准器，或具有在给定地点所能得到的最高计量学特性的参考标准器。

4）按工作性质可分为日常用以校准或检定测量器具的工作标准器，或用作中介物以比较计量标准或测量器具的传递标准器，或有时具有特殊结构、可供运输的搬运式标准器。

5）按工作原理可分为由物质成分、尺寸等来确定其量值的实物标准或由物理规律确定其量值的自然标准。

上述分类不是排他性的，例如，一个计量标准可以同时是基准，是单个的标准器，是国家标准器，是工作标准器，又是自然标准。目前我国共有 6.2 万余项社会公用计量标准。

中国计量科学研究院目前保存着 400 项计量标准，覆盖全部计量专业领域，并且绝大部分为各个领域最高的社会计量标准，是国家测量能力重要组成部分。和流量相关标准装置共 9 项，分别是“体积管流量标准装置”“pVTt 法气体流量标准装置”“皂膜气体流量标准装置”“环道式气体流量标准装置”“静态质量法油流量标准装置”“流量积算仪检定装置”“常压大口径气体流量标准装置”“临界流文丘里喷嘴法气体流量标准装置”和“2.5MPa 临界流文丘利喷嘴法气体流量标准装置”。

在分析测量行业，常用标准物质作为一种“量具”，用于校准、为其他物质赋值以及测量正确度，并通过其使用来声明测量结果的计量学溯源性。标准物质是特性量准确、均匀性和稳定性良好的计量标准，具有在时间上保持特性量值，在空间上传递量值的功能。通过校准测量仪器，评价测量过程，由标准物质将测量结果溯源到国际单位制，保证测量结果的一致性、可比性，从而达到量值统一。附有由权威机构发布的文件，提供使用有效程序获得的、具有不确定度和溯源性的、一个或多个特性值的标准物质称为有证标准物质。

经过若干年的建设和发展，我国已经基本建立了相对完善的计量体系，具备了较好的测量基础。从国家层面看，我国建立了相对完善的量值传递溯源体系，获得国际互认的国家校准测量能力不断迈上更高水平。从企业层面看，企业计量意识不断得到增强，具备了一定的工业测量基础和能力，特别是一些大型企业对计量工作非常重视，建立了较为完备的测量管理体系；从社会层面看，越来越多的社会资源和力量，如计量技术机构、科研院所、高校等开始聚焦产业发展测量需求和瓶颈问题，为企业提供个性化的检定、校准、测试服务，计量服务保障能力不断得到增强。

与主要发达国家相比，我国的测量基础还比较薄弱。测量理论和测量技术研究相对滞后，测量方法缺乏统一管理，高端测量仪器长期依赖国外，测量数据未能在科技、工业和社会治理层面得到有效应用。无论是管理模式，还是技术支撑，都已经无法满足经济社会各领域对精准测量测试的需求，新需求与现有测量体系支撑不充分、不平衡之间的矛盾越来越突出。迫切需要根据现代测量需求的变化，研究建立适应新时代发展需求的国家现代先进测量体系。

加快构建国家现代先进测量体系是为满足国际计量体系深刻变革的时代要求，也是强化国家战略科技力量的重要支撑。2022 年市场监管总局联合科技部、工业和信息化部、国资委等有关单位印发了《关于加强国家现代先进测量体系建设的指导意见》，共提出 11 项重点任务。主要任务包括：建立先进量值传递溯源体系；优化计量基准标准和标准物质建设；加快先进测量技术研究；推动先进测量仪器设备的研发和应用；建设国家先进测量实验室；提升企业测量能力和水平；推进测量数据积累和应用；完善先进测量技术规范；优化先进测量技术服务；发挥质量基础设施协同推动作用；培养先进测量人才队伍等。

3.3 量值传递与溯源

3.3.1 量值

量是指“现象、物体或物质的特征，其大小可用一个数或一个参照对象表示”，如温度是表示物体冷热程度的量。量的值指“用数和参照对象表示的大小”，如 30℃ 和 25m，其中 30 和 25 是数，℃ 和 m 是参照对象。与给定的特定量的定义一致的值是真值，量的真值只有通过完善的测量才可能获得。由于不能得到没有误差的计量器具，也不能创造出完全理想的测量条件，真值按其本性是不确定的，与给定的特定量定义一致的值不一定只有一个。对于给定目的具有适当不确定度的、赋予特定量的值称为约定真值，该值是约定采用的。约定真值与一个量的真值近似，它与真值之间的差别可忽略不计。获得约定真值的方法通常有：①由国家基准或当地最高计量标准复现而赋予该特定量的值；②采用权威组织推荐的该量的值，例如，由国际科技数据委员会（Committee on Data for Science and Technology，CODATA）推荐的真空光速、阿伏伽德罗常量等特定量的最新值；③有时用某量的多次测量结果平均值来确定该量的约定真值。

3.3.2 量值传递

根据 JJF 1001—2011《通用计量术语及定义》，量值传递是将计量基准所复现的单位量值，通过计量检定（或其他传递方法），传给下一等级的计量标准，并依次逐级地传递到工作计量器具，以保证被测对象的量值准确一致。国家计量基准具有保存、复现和传递计量单位量值的 3 种功能，是统一全国量值的法定依据。量值传递一般是自上而下，由高等级向低等级传递，它体现了一种政府的意志，有强制性的特点。

通过检定将国家基准所复现的计量单位值经各级计量标准传递到工作用计量器具，以保证被测对象所测得量值的准确和一致。统一量值工作除了必须建立和保存具有现代科学技术所能达到的最高准确度的计量标准——国家基准外，还应考虑如何将大量具有不同准确度等级的计量器具，在规定的准确度范围内与国家基准保持一致。为了既能在规定的准确度范围内达到统一所有计量器具的目的，又能符合经济合理的原则，通常针对不同准确度等级的计量器具设置不同等级的计量标准，逐级检定低准确度等级的计量标准或工作用计量器具，判定是否在规定的准确度范围内，最终用国家基准统一为数量不多的、接近最高准确度的计量标准。量值传递实行的路径一般都是阶梯式的，从国家计量基准传递到各级社会公用计量标准，最后传递到企业或用户的工作计量器具。

量值传递由国家法制计量部门以及其他法定授权的计量组织或实验室执行。各国除设置本国执行量值传递任务的最高法制计量机构外，并根据本国的具体情况设置若干地区或部门的计量机构，以及经国家批准的实验室，负责一定范围内的量值传递工作。我国执行量值传递的最高法制计量部门为中国计量科学研究院，隶属国家市场监督管理总局。各省、市行政区设置相应的计量机构，负责本地区的量值传递工作。此外，国务院所属部分有关部门也按行政系统和工程系统组织量值传递网，负责本系统的量值传递工作。为了保证工程现场条件下量值的准确和统一，也经常采取计量测试技术人员深入工程现场进行指导、操作和处理各种测量技术问题的办法。

实现量值传递，需要各级计量部门根据有关技术文件的规定，对所属范围的各级计量器具的计量性能（准确度、灵敏度、稳定度等）进行评定，并确定是否符合规定的技术要求。这项工作称为计量器具的检定。使用计量器具的部门要对所使用的各种计量器具进行周期检定，以保证本部门的量值统一，并在规定的误差范围内与国家基准保持一致。检定包括检查、加标记和（或）出具检定证书。检定的依据是按法定程序审批公布的计量检定规程。在检定结果中，必须有合格与否的结论，并出具证书或加盖印记。从事检定的工作人员必须是经考核合格，并持有有关计量行政部门颁发的检定员证。

从国际法制计量组织的宗旨和发布的国际建议看，我国的强制检定管理范围基本上与其认定的法制管理范围相当。一台检定合格的计量器具，也就是一台被授予法制特性的计量器具。检定具有法制性，其对象是法制管理范围内的计量器具。强制检定应由法定计量检定机构或者授权的计量检定机构执行。我国对社会公用计量标准以及部门和企事业单位的各项最高计量标准，也实行强制检定。各种计量目的的不同，所要求的计量准确度也不一样。当计量误差满足规定的准确度要求时，则可认为计量结果所得量值接近于真值，可用来代替真值使用，称为“实际值”。在计量检定中，通常将高一等级（根据准确度高低所划分的等级或级别）的计量标准复现的量值作为实际值，用它来校准其他等级的计量标准或工作计量器具，或为其定值。

全国量值传递系统示意图如图 3-1 所示。

常用的量值传递方式有以下 4 种：

（1）实物传递　这是一种传统的量值传递方式，也是目前我国在几何、热工、力学、电学等领域常用的一种传递方式，根据《计量法》的有关规定，由计量检定机构或授权有关部门或企事业单位计量技术机构（以下简称“上级计量检定机构”）进行，被传递机构将其最高计量标准定期送达上级计量检定机构检定，对不便于运输的计量标准，则上门检定，或者上级计量检定机构依照国家计量检定系统表和检定规程对被传递机构的最高计量标准器

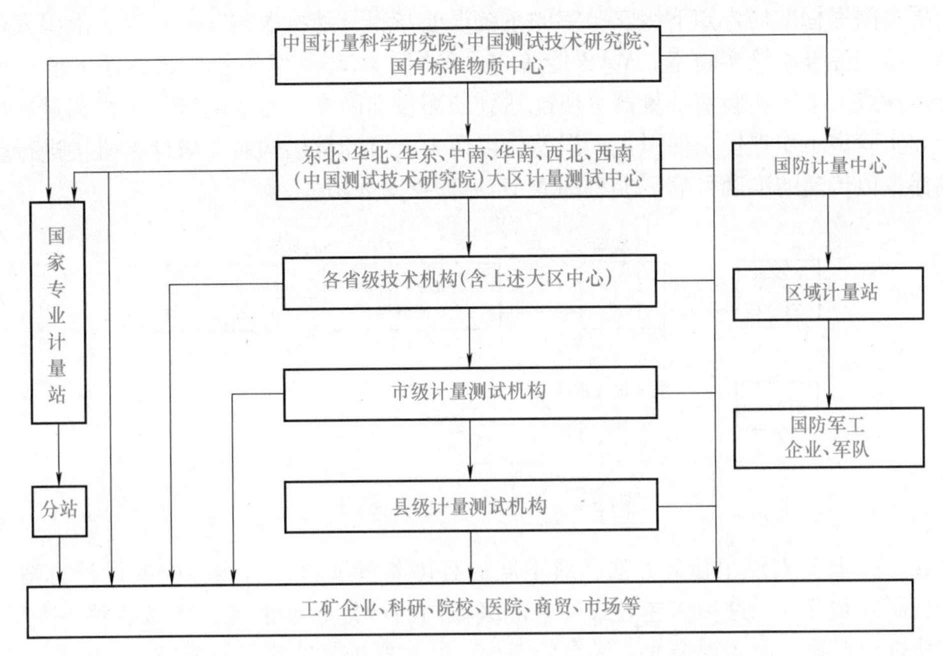

图 3-1　全国量值传递系统示意图

进行现场检定。检定结果合格的出具检定合格证书，不合格的出具检定结果通知书。被传递机构接到检定合格证书，并具有计量标准考核合格证时才能进行量值传递或直接使用此计量器具进行量测。

（2）发放标准物质　标准物质就是在规定条件下具有高稳定的物理、化学或计量学特征，并经正式批准作为标准使用的物质或材料，可以是气体、液体或固体。标准物质一般分为一级标准物质和二级标准物质。一级标准物质主要用于标定二级标准物质或检定高精度计量器具，二级标准物质主要用于检定一般计量器具。企业或法定计量检定机构根据需要均可购买标准物质，用于检定计量器具或评价计量方法，检定合格的计量器具才能使用，这种方式主要用于理化计量领域。利用标准物质也可对新的测量方法和仪器的准确度和可靠性进行评价。

（3）发播标准信号　利用广播、通信、电视、网络的电信设备，将计量标准信号调制在通信信号上按负载频形式发播，各用户在各地接收计量标准信号，经调解后，使用计量标准信号校准计量器具。目前，在我国此方法主要用于时间频率计量和无线电计量领域。用户可直接接受并现场校准时间频率计量器具。用发播标准信号进行量值传递是最简便、迅速和准确的方式。

（4）传递标准全面考核　实施计量保证方案（Measurement Assurance Programs，MAP）是对传统量值传递制度的改革，MAP 的方法是采用核查标准和传递标准全面考核校准实验室的测试方法，利用数理统计方法对那些参加 MAP 的校准实验室的测量质量进行控制，及时发现问题，反馈信息，使传递误差尽量减小并确保量值溯源或传递的质量，定量评定测量过程的合成和扩展不确定度，作为考核是否满足实际工作要求的依据。

MAP 的具体方案因参数不同而异，由国家标准局制作一批一定准确度的传递标准（例如 10 个功率座），每年发放两个给各下级实验室，同时规定测量方法。各实验室用自己的工作标准测量收到的传递标准，然后将测量结果连同传递标准一起送回国家标准局。经数据分析后，再由国家标准局告知下级实验室的系统误差与测量随机误差。下一年，由国家标准局另换两个传递标准给该实验室。MAP 传递方式采用了闭环量值传递方式，在量值传递过程中，不但检查了下级实验室计量器具所能达到的测量准确度，而且检查了下级测量人员的技术水平和实验室工作现场条件引入的误差，以便于上级计量机构对下级计量机构进行业务指导，确保量值传递的准确可靠。典型的 MAP 原理框图如图 3-2 所示。

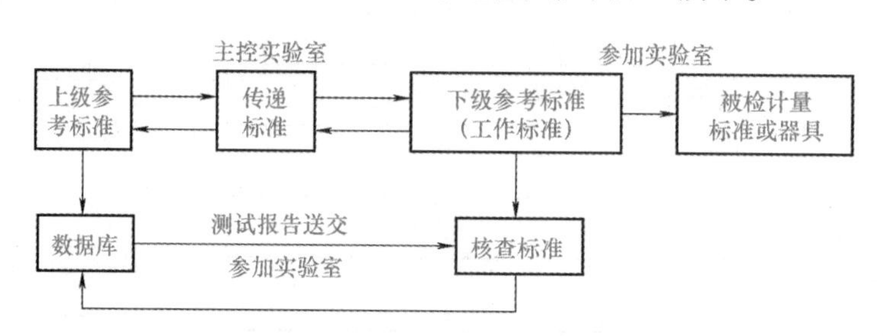

图 3-2　典型的 MAP 原理框图

MAP 是一种针对性很强的方法，对不同的具体测量项目，需要不同的设计方案，必须逐项进行研究和开发。这种传递方式可对下级机构的计量标准设备、环境条件、人员素质、检定方法进行考核，可实现全面、综合的考核，并对标准性能进行日常监控，是一种闭环检定方法。目前我国采用 MAP 传递的项目有无线电计量的功率、电能、质量、湿度等项目。MAP 本身还在发展之中，它的实现形式还将不断创新。

原则上，量值传递应由高准确度等级的计量标准向下传递。但在缺乏更高准确度标准的情况下，为了保证量值的统一，须采用称作“比对”的特殊的传递方式。例如，各国国家基准所具有的准确度，是各国当代科学技术所能达到的最高水平，往往处于同一准确度等级上。为了保证国际上的量值统一，国际计量机构经常将准确度等级相同的各国国家基准进行相互比对，以达到量值相对统一的目的。由于国家基准通常不允许搬动，比对工作一般是通过由参加国提供的传递标准进行的。在缺乏国家基准而有较多的使用部门持有国内相同最高等级计量标准的情况下，也采用比对的方式求得使用部门之间或局部地区的量值相对统一。

量值传递是统一计量器具量值的重要手段，是保证计量结果准确可靠的基础。任何一种计量器具，由于种种原因，都具有不同程度的误差。新制造的计量器具，由于设计、加工、装配和元件质量等各种原因引起的误差是否在允许范围内，必须用适当等级的计量标准来检定，判断其是否合格。经检定合格的计量器具，经过一段时间使用后，由于环境的影响或使用不当，维护不良、部件的内部质量变化等因素将引起计量器具的计量特性发生变化，所以需定期用规定等级的计量标准对其进行检定，根据检定结果做出进行修理或继续使用的判断，经过修理的计量器具是否达到规定的要求，也须用相应的计量标准进行检定。因此，量值传递的必要性是显而易见的。

3.3.3　量值溯源

根据 JJF 1001—2011《通用计量术语及定义》定义：量值溯源是指通过一条具有规定不确定度的不间断比较链，使测量结果或测量标准的值能够与规定的参考标准，通常是与国家测量标准或国际测量标准联系起来的特征。它要求实验室针对自己检测标准的相关量值，主动地与上一级检定机构取得联系，追溯高于自己准确度（一般遵循 1/10 或 1/3 法则）的量值与之比较，确定自己的准确性。量值传递是上一级量值检定部门将自身的量值传递给低于

其准确度等级的部门，主要是指国家强制性检定的内容。由此可见，量值溯源是量值传递的逆过程，量值传递是自上而下地将国家计量基准复现的量值逐级传递给各级计量标准直至普通计量器具；而量值溯源则是自下而上地将测量值溯源到国家计量基准。量值溯源和传递的主要区别在于溯源是自下而上的活动，带有主动性；量值传递是自上而下的活动，带有强制性。

量值溯源的目的是为确保所有检测和/或校准结果能最终溯源到国家基准或国际计量基准，以确保检测和/或校准结果准确可靠。量值溯源是贸易全球一体化和试验室结果互认的基础。

对实验室来说，一般需要对以下对象进行量值溯源：

（1）仪器设备　主要指对检测和/或校准结果会产生影响的仪器设备及相关参数。

（2）参考标准　参考标准是指在给定地区或在给定组织内，通常具有最高计量学特征的测量标准。它是具有量值功能的实验室的最高计量标准，由法定计量技术机构进行检定。

（3）标准物质（参考物质）具有一种或多种足够均匀和很好的确定特性，用以校准测量装置、评价测量方法或给材料赋值的一种材料或物质。附有证书的、经过溯源的标准物质称为有证标准物质。实验室应尽可能使用有证的标准物质。若没有有证标准物质可用时，实验室应通过比对试验、能力验证等方式证明量值的准确和溯源。

通过量值溯源，可获得4种结果：①确定示值误差，并确定是否在预期或要求的范围内；②得出标称值偏差的报告值，可调整测量器具或对示值加以修正；③给任何标尺标记赋值，或确定其他特征值，或给参考物质特征赋值；④提高用户对测量结果的信任度。

量值溯源和量值传递应遵循以下4项基本原则：①必须按照国家检定系统表或军队溯源等级图进行；②必须执行计量检定规程；③必须按照本单位编制的溯源等级图进行；④各级之间的校准或检定方法，一般应满足量值传递关系，即1/10~1/4的关系。

中国实验室国家认可委员会（China National Accreditation Board for Laboratories，CNAL）在承认国际计量局（BIPM）框架下，签署互认协议（Mutual Recognition Agreement，MRA）并能证明可溯源至国际单位制的国家或经济体的最高计量标准。目前我国已经建立了以中国计量科学研究院、中国测试技术研究院和国家标准物质研究中心为最高等级校准实验室的国家量值溯源网络，建立了国家计量基准和各个等级的工作计量标准，形成了完整的量值溯源系统。

我国现行的计量保证手段是计量法制管理和量值传递技术手段相结合的方法。

实现量值溯源最重要的方式是检定和校准。

校准指在规定条件下，为确定测量装置或测量系统所指示的量值，或实物量具或参考物质所代表的量值，与对应的由标准所复现的量值之间关系的一组操作。它的依据是校准规范或校准方法，通常应作统一规定，特殊情况下也可自行制定。校准的结果可记录在校准证书或校准报告中，也可用校准因数或校准曲线等形式表示。

校准和检定的区别如下。①校准不具法制性，是自愿溯源行为；检定则具有法制性，属计量执法行为。②校准主要确定测量仪器的示值误差；检定则是对其计量特性及技术要求符合性的全面评定，必须做出合格与否的结论。③校准的依据通常作统一规定，也可自行制定；检定的依据则是法定检定规程。

随着与国际准则的接轨，在加强检定法制建设的同时，校准开始成为实现单位统一和量值准确可靠的主要方式，以往以检定取代校准的现象正在扭转。实验室通过开展校准工作，一方面可提升技术能力，确保工作的一致性和准确性；另一方面能降低量值溯源成本，保护自身权益。

在一个国家内，量值溯源的终点（即量值传递的起点）是国家基准，它必须具有最高的计量学特性，它体现了一个国家计量科学技术的水平。

保障计量单位制的统一和实现量值的准确可靠是我国的量值传递体系计量工作的核心。量值不仅要在国内统一，而且还要达到国际上的统一。“量值传递”及其逆过程“量值溯源”是实现量值统一的主要途径与手段。它为工农业生产、国防建设、科学实验、贸易结算、环境保护以及人民生活、健康、安全等方面提供了计量保证。量值传递是通过对计量器具的检定或校准，将国家基准所复现的计量单位量值通过各级计量标准传递到工作计量器具，以保证对被测量值的准确和一致，即保证全国在不同地区，不同场合下测量同一量值的计量器具都能在允许的误差范围内工作。

量值传递与量值溯源比较见表 3-1，示意如图 3-3 所示。

表 3-1　量值传递与量值溯源比较

比较项目	量值传递	量值溯源
执行力	法制性、强制性	自觉性、主动性
执行机构	各级计量行政部门授权的计量技术机构	各级计量行政部门授权的计量技术机构以及经 CNAL 认可的实验室
作用对象	各级计量行政部门及企事业单位的计量技术机构	可根据测量准确度的要求自主地寻求具有较佳不确定度的参考标准进行测量设备的校准
执行方式	按照国家检定系统表的规定自上而下逐级传递	可以越级也可以逐级溯源，自下而上主动地寻找计量标准，是自下而上的追溯
中间环节	严格的等级划分、中间环节多	不按严格的等级传递、中间环节少
内容和范围	检定周期、检定项目和测量范围都是按照国家、部门和地方的有关技术法规或规范的规定进行的。检定系统由文字和框图构成，其内容包括国家计量基准、各等级计量标准、工作计量器具	打破地区或等级的界限，实行自愿合理的原则。方式不限于实物校准，还允许采用信号传输、计量保证方案等多种量值溯源方法

3.3.4　我国量值传递体系的发展目标

经过近 40 年的努力，我国已建立了一整套较为完善的量值传递方式，为保障全国单位制统一和量值准确可靠做出了应有的贡献。但随着科技和经济的发展，对国家计量体系提出了更高的要求，现行的量值传递体系有待于完善。主要表现在：

1）我国战略性新兴产业及国民经济重点领域的发展和产品质量的提高需要国家计量体系尽快填补空白。

2）提高国家自主创新能力需要国家计量体系快速提高水平。提高国家自主创新能力需要有相应的人才、体制机制和基础条件，国家计量体系是支撑自主创新的重要基础条件。随着我国自主创新能力的提高，对先进测量能力的需求迅速增加，对高精度的测量溯源能力提

出更迫切要求，现有国家计量体系已不能满足需求。

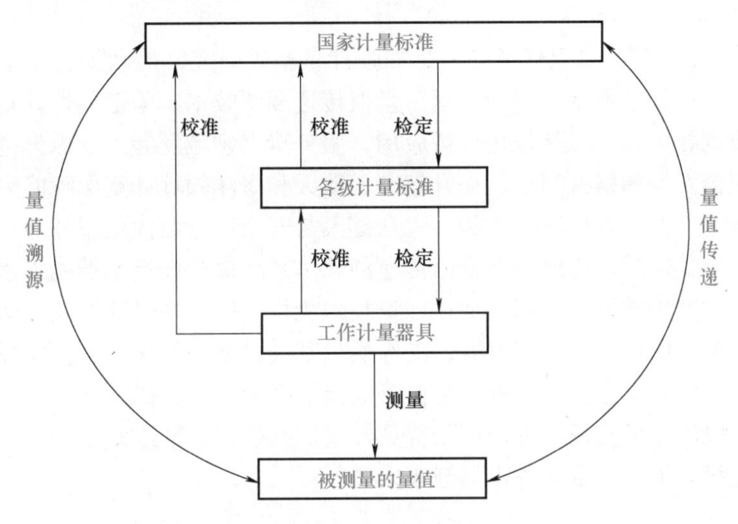

图 3-3　量值传递与量值溯源示意

3）国民经济重要领域的安全运行需要独立自主国家计量体系快速提高保障能力。如高精度时间频率关乎国家主权和安全，原子钟、中高端晶体器件以及时间同步产品已广泛应用于武器装备、航空航天、军事通信、卫星导航等国防科技领域，独立自主的时间频率体系关乎国家安全和核心利益。目前，我国正在建设和完善以卫星导航系统授时为主导，以无线、网络等授时手段相辅助的国家时间频率体系，时间频率体系的建设包含守时、授时、用时、计量校准与监测等内容。由于全球定位系统（Global Positioning System，GPS）发展较早，GPS 授时是目前使用最为广泛的授时手段，随着我国北斗卫星导航系统的不断建设完善，北斗授时将在我国国防及国民经济重要领域逐步兼容替代 GPS 授时。

4）产业发展与升级需要国家计量体系进一步优化结构。国家计量体系作为基础设施与道路交通网有些相似，即在欠发达地区（尤其是地县）的建设能力严重不足。另外，对产业发展提出的相关测量、测试问题重视不够，支撑产业发展的深度还需增加。

5）国际经济形势的恶化需要国家计量体系更好地为我国产品参与国际竞争、产业向国际发展保驾护航。目前我国的对外贸易总额位居世界第一，如果我国测量能力得不到国际上的承认，就容易成为别国贸易保护的牺牲品。我国已经与世界主要国家签订了关于测量能力互认的相关协议，但得到承认的校准测量能力项目数在国际上只列第 7 位，还有不少缺项。如我国是光伏产品和高纯度的单壁碳纳米管生产大国，由于我国没有相关高准确度的计量标准，光伏产品的核心原材料——高纯多晶硅材料的产品质量判定权落到了国外检测机构手中，而纯度达到 90%的单壁碳纳米管产品也只能按应出售价格的 10%出口。另外，我国参与 ISO 纳米材料标准起草时，测量数据得不到国际同行的认同。

为进一步夯实计量基础，提升计量能力和水平，全面开启计量事业发展新征程，推动经济社会高质量发展，2022 年 2 月国务院印发了《计量发展规划（2021—2035 年）》（以下简称《规划》），《规划》明确了发展目标：到 2025 年，国家现代先进测量体系初步建立，计量科技创新力、影响力进入世界前列，部分领域达到国际领先水平，计量在经济社会各领域的地位和作用日益凸显，协同推进计量工作的体制机制进一步完善；到 2035 年，国家计量科技创新水平大幅提升，关键领域计量技术取得重大突破，综合实力跻身世界前列，建成以量子计量为核心、科技水平一流、符合时代发展需求和国际化发展潮流的国家现代先进测量体系。

《规划》明确了4方面重点任务。一是加强计量基础研究，推动创新驱动发展。加强计量基础和前沿技术、计量数字化转型、新型量值传递溯源技术、关键共性计量技术研究，构建良好计量科技创新生态。二是强化计量应用，服务重点领域发展。支撑先进制造与质量提升，服务高端仪器发展和精密制造，提升航空、航天和海洋领域计量保障能力。在人工智能与智能制造、数字中国、碳达峰碳中和、大众健康与安全等方面优化服务。三是加强计量能力建设，赋能高质量发展。构建新型量值传递溯源体系，提升计量基准能力水平，推进计量标准建设，加大标准物质研制应用，加快计量技术机构建设，加强计量人才队伍建设，完善企业计量体系，推动区域计量协调发展，支撑质量基础设施一体化发展，加强计量国际交流合作。四是加强计量监督管理，提升计量监管效能。完善计量法律法规体系，推动计量监管制度改革，强化民生计量监督管理，创新智慧计量监管模式，推进诚信计量分类监管，加强计量执法体系建设，推动计量服务市场健康发展。

3.4 测量不确定度

为了得到测量结果同时指出所给测量结果的可靠程度，采用不确定度进行评定。不确定度是指由于测量误差的存在，对被测量值的不能肯定的程度。反过来，也表明该结果的可信赖程度，它是测量结果质量的指标。不确定度越小，质量越好，水平越高，其使用价值越高；不确定度越大，测量结果的质量越差，水平越低，其使用价值也越低。在报告物理量测量的结果时，必须给出相应的不确定度，一方面便于使用它的人评定其可靠性，另一方面也增强了测量结果之间的可比性。测量不确定度可以用来衡量测量过程是否持续受控，测量结果是否能保持稳定一致，测量能力是否符合生产盈利的要求。测量结果的表述、仪器设备技术指标、合格判定、计量比对等都离不开测量不确定度。

根据JJF 1001—2011《通用计量术语及定义》中的最新定义，测量不确定度是指根据所用到的信息，表征赋予被测量值分散性的非负参数。测量不确定度是独立而又密切与测量结果相联系的、表明测量结果分散性的一个参数。在测量的完整的表示中，应该包括测量不确定度。测量不确定度用标准偏差表示时称为标准不确定度，如用说明了置信水准的区间的半宽度的表示方法则称为扩展不确定度。

3.4.1 基本概念

（1）真值　与给定特定量的定义一致的值。真值只有通过完善的测量才有可能获得。由于被测量的定义和测量都不可能做到完美无缺，所以通过测量通常不能获得真值。

（2）约定真值　对于给定目的具有适当不确定度并赋予特定量的值。有时该值是约定采用的，也被称为指定值、最佳估计值、约定值或参考值。通常用某量的多次测量结果来确定。

（3）测量结果　由测量所得到的赋予被测量的值。在给出测量结果时，应说明它是示值、未修正测量结果或已修正测量结果，还应表明它是否为几个值的平均。测量结果仅是被测量的最佳估计值，并非真值。在测量结果的完整表述中应包括测量不确定度，必要时还应说明有关影响量的取值范围。

（4）仪器准确度　测量结果与被测量真值之间的一致程度，可以用准确度高低、准确度为0.25级、准确度为3级等表述方法。

（5）重复性　在相同测量条件下，对同一被测量进行连续多次测量所得结果之间的一致性；用测量结果的分散性定量表示。相同测量条件是指保证相同的测量程序、相同的观测者、使用相同的测位仪器、相同的地点、在短时间内进行重复测量等。

（6）复现性　在改变了的测量条件下，同一被测量的测量结果之间的一致性，可以用测量结果的分散性定量地表示。变化了的测量条件包括：测量原理、方法、观测者、测量仪器、参考测量标准、地点、时间、使用条件。

（7）不确定度　表征合理地赋予被测量之值的分散性，是与测量结果相联系的参数。它可以是标准差或其倍数，或说明了置信水平的区间的半宽度。不确定度恒为正值。

（8）绝对标准不确定度　以标准偏差表示的测量不确定度。绝对标准不确定度用 u 表示。

（9）相对标准不确定度　不确定度除以测量结果的绝对值。流量计量中大多采用相对不确定度的方式表述，相对标准不确定度用 u_r 表示。

（10）合成标准不确定度　当测量结果是由若干个其他量的值求得时，按其他各量的方差或协方差算得的标准不确定度。合成标准不确定度用 u_c 表示，相对值用 u_{cr} 表示。

（11）扩展不确定度　确定测量结果区间的量，合理赋予被测量之值分布的大部分可望包含于此区间。扩展不确定度用 U 表示，相对值用 U_r 表示。

（12）包含因子（或置信因子）　为求得扩展不确定度，对合成标准不确定度所乘的因子。包含因子用 k 表示。

（13）自由度　在方差的计算中，和的项数减去对和的限制数。自由度反映相应实验标准差的可靠程度。自由度用 γ 表示。

3.4.2　数学模型

在实际测量的很多情况下，被测量 Y 不能直接测得，而是由 N 个其他量 X_1，X_2，…，X_N 通过函数关系来确定。式（3-1）表示的函数关系就称为数学模型或测量模型。

$$Y=f(X_1,X_2,\cdots,X_N) \tag{3-1}$$

由 X_N 的估计值 x_N 可得到 Y 的估计值 y：

$$y=f(x_1,x_2,\cdots,x_N) \tag{3-2}$$

式中，x_N 是 y 的不确定度来源，可以从测量仪器、测量环境、测量人员、测量方法、被测量等方面全面考虑，应做到不遗漏、不重复，特别应考虑对结果影响大的不确定度来源。

X_1，X_2，…，X_N 作为被测量量，也包括具有系统效应的修正值，如修正值对测量结果影响很小，可不考虑。

最佳估计值 y 可通过以下两种方法获得：

第一种是 y 取 Y 的 n 次独立观测值 y_k 的算数平均值，表达式如下：

$$y=\bar{y}=\frac{1}{n}\sum_{k=1}^{n}y_k=\frac{1}{n}\sum_{k=1}^{n}f(x_{1k},x_{2k},\cdots,x_{Nk}) \tag{3-3}$$

式（3-3）中每个观测值 y_k 的不确定度相同，都是根据同时获得的 N 个输入量的一组完整的观测值求得。

另一种方法是根据独立观测值 x_{ik} 的算数平均值得到，表达式如下：

$$y = f(\bar{x}_1, \bar{x}_2, \cdots, \bar{x}_N) \tag{3-4}$$

式中，$\bar{x}_i = \dfrac{1}{n}\sum_{k=1}^{n}\bar{x}_{ik}$。

如果f是线性函数，以上两式计算结果相同，如果是非线性函数，则结果可能不同。如采用容积式流量计和涡轮流量计测量流量时，在求解流量仪表系数时，流量是脉冲数的线性函数，则两种计算方法得到的最佳估计值y相同。而采用孔板流量计测量流量时，流量是压差平方根的函数，是非线性的函数，因而以上两种求解最佳估计值y得到的结果不同。

3.4.3 标准不确定度 A 类评定

用统计方法评定标准不确定度称为不确定度的 A 类评定，所得出的不确定度称为 A 类标准不确定度u，简称 A 类不确定度。

在流量测量中，标准不确定度 A 类评定的基本方法有贝塞尔公式法和极差法，计算标准差s主要采用贝塞尔公式法，测量次数少时也用极差法。

采用贝塞尔公式法时标准差s的表达式如式（3-5）所示，该方法的自由度$\gamma=n-1$。

$$s(x_i) = \sqrt{\frac{1}{n-1}\sum_{k=1}^{n}(x_{ik} - \bar{x}_i)^2} \tag{3-5}$$

采用极差法时标准差s的表达式为：

$$s(x_i) = \frac{R}{C}u(x_i) \tag{3-6}$$

式中，$R = x_{ik\,\max} - x_{ik\,\min}$；$u$为 A 类标准不确定度；$C$为系数。

系数C及自由度γ的值见表 3-2。

表 3-2　系数 C 及自由度 γ 的值

n	2	3	4	5	6	7	8	9
C	1.13	1.69	2.06	2.33	2.53	2.70	2.85	2.97
γ	0.9	1.8	2.7	3.6	4.5	5.3	6.0	6.8

在重复性或复现性条件下得到n个观测结果x_k，随机变量x的期望值的最佳估计是n次独立观测结果的算数平均值：

$$\bar{x} = \frac{1}{n}\sum_{k=1}^{n}x_{ik} \tag{3-7}$$

测量结果$\bar{x}$的 A 类不确定度$u(\bar{x}_i)$即为测量平均值的实验标准差$s(\bar{x}_i)$，与单次测量结果x_{ik}的实验标准差的关系为：

$$u(\bar{x}_i) = s(\bar{x}_i) = \frac{s(x_{ik})}{\sqrt{n}} \tag{3-8}$$

3.4.4 标准不确定度 B 类评定

在多数实际测量工作中，不能或不需要进行多次重复测量，则其不确定度只能用非统计分析的方法进行 B 类评定。

标准不确定度 B 类评定基于以下信息：权威机构发布的量值、有证标准物质的量值、

校准证书、仪器的漂移、经检定的测量仪器的准确度等级、根据人员经验推断的极限值等。

标准不确定度 B 类评定方法有以下几种：

1. 已知扩展不确定度 U 和包含因子 k

如资料明确给出了估计值 x_i 的扩展不确定度 $U(x_i)$ 是标准不确定度的 k 倍，则标准不确定度表达式为：

$$u(x_i)=\frac{U(x_i)}{k} \tag{3-9}$$

2. 已知扩展不确定度 U_P 和置信概率 P 的正态分布

根据有关的信息或经验，判断被测量的可能值区间，假设估计值在置信概率为 P 时，置信区间半宽度为 U_P，一般按照正态分布评定其 B 类不确定度，可由以下公式得到 $u(x_i)$：

$$u(x_i)=\frac{U_P}{k_P} \tag{3-10}$$

在流量测量中，一般 $P=95\%$，$k_P=1.960$。

3. 已知扩展不确定度 U_P、置信概率 P 及有效自由度 γ_{eff} 的 t 分布

如果明确了估计值 x_i 的置信概率为 P 时，置信区间的半宽度为 U_P，有效自由度为 γ_{eff}，此时按照 t 分布处理，则 $u(x_i)$ 计算表达式为：

$$u(x_i)=\frac{U_P}{t_P(\gamma_{\text{eff}})} \tag{3-11}$$

4. 已知重复性限

按照规定测量条件，确定两次测量结果之差的重复性限 r 时，如无特殊说明，则标准不确定度表达式为：

$$u(x_i)=\frac{r}{2.83} \tag{3-12}$$

5. 已知置信区间和概率分布

如估计值 x_i 分散区的半宽为 a，且 x_i 落在 x_i-a 和 x_i+a 区间的概率为 100%，则可得到标准不确定度表达式为：

$$u(x_i)=\frac{a}{k} \tag{3-13}$$

式中，k 为置信因子，与分布状态有关，一般把重复条件下多次测量的算数平均值估计为正态分布，此时 $k=2$；把数据修约、示值的分辨率、按级使用的仪器最大允许误差估计为矩形分布，矩形分布时 $k=\sqrt{3}$；两相同矩形分布的合成估计为三角分布，此时 $k=\sqrt{6}$。

6. 以“级”使用的仪器不确定度

有的仪器证书给出了准确度等级，此时，可按照检定规程规定的该级别的最大允许误差进行评定。如最大允许误差为 $\pm A$，此时采用矩形分布得到示值允许误差引起的标准不确定度，$u(x)$ 表达式为：

$$u(x)=\frac{A}{\sqrt{3}} \tag{3-14}$$

B 类不确定度的自由度与所得到的标准不确定度 $u(x_i)$ 的相对标准不确定度有关，自由度越大，不确定度的可靠程度越高，其关系式为：

$$\gamma_i \approx \frac{1}{2} \times \left[\frac{\Delta u(x_i)}{u(x_i)}\right]^{-2} \tag{3-15}$$

3.5 流量测试及计量

3.5.1 流量基本概念

流量计量是计量科学技术的组成部分之一，与国民经济、国防建设、科学研究息息相关。流量计量广泛应用于工农业生产、国防建设、科学研究、对外贸易以及人民生活各个领域之中。如在石油工业生产中，从石油的开采、运输、冶炼加工直至贸易销售，流量计量贯穿于全过程中，任何一个环节都离不开流量计量，否则将无法保证石油工业的正常生产和贸易交往。在化工行业，流量计量不准确会造成化学成分分配比例失调，无法保证产品质量，严重的还会发生生产安全事故。在电力工业生产中，对液体、气体、蒸汽等介质流量的测量和调节占有重要地位。在钢铁工业生产中，炼钢过程中循环水和氧气（或空气）的流量测量是保证产品质量的重要参数。在轻工业、食品、纺织等行业中，也都离不开流量计量。流量计量也与老百姓的家居生活息息相关，如各家水表、家用燃气表、热能表的准确计量影响到各家的经济利益。目前，世界能源日趋紧张，能源价格不断攀升，液态和气态能源产品开发和储备是各国经济发展重中之重，相应地，此类能源流量计量的准确性和可靠性成为各国关注的焦点。

流量是瞬时流量和累积流量的统称，单位时间内流过管道横截面或明渠横断面的流体量称为瞬时流量；在一段时间 t 内流体流过一定截面的量称为累积流量，也称总量。以质量表示的流体量称为质量流量，用 q_m 表示，以体积表示的流体量称为体积流量，用 q_V 表示。在国际单位制中，质量流量的单位是千克/秒（kg/s）；体积流量的单位是立方米/秒（m^3/s）。在工程中常用的质量流量的单位有千克/小时（kg^3/h）、吨/小时（t/h）；常用的体积流量单位有立方米/小时（m^3/h）、升/小时（L/h）。

两种流量的数学表达式为式（3-16）和式（3-17）：

$$q_m = \frac{\Delta m}{\Delta t} = \rho v A \tag{3-16}$$

$$q_V = \frac{\Delta V}{\Delta t} = vA \tag{3-17}$$

式中，V 为流体体积（m^3）；m 为流体质量（kg）；t 为时间（s）；ρ 为流体密度（kg/m^3）；v 为管道内平均流速（m/s）；A 为管道横截面积（m^2）。

累积流量在数值上等于流量对时间的积分，其数学表达式为式（3-18）和式（3-19）：

$$m = \int_{t_1}^{t_2} q_m \mathrm{d}t \tag{3-18}$$

$$V = \int_{t_1}^{t_2} q_V \mathrm{d}t \tag{3-19}$$

测量体积流量的称为体积流量计，如涡轮流量计、涡街流量计等；测量质量流量的称为

质量流量计，如科里奥利质量流量计、热式质量流量计。

3.5.2　流量计及其性能参数介绍

由于流量是一个动态量，流量测量是一项复杂的技术。从被测流体来说，包括气体、液体和混合流体这 3 种具有不同物理特性的流体；从测量流体流量时的条件来说，又是多种多样的，如测量时的温度可以从高温到极低温，测量时的压力可以从高压到低压；被测流量的大小可以从微小流量到大流量；被测流体的流动状态可以是层流、湍（紊）流等。此外，就液体而言，还存在黏度大小不同等情况。因此，为准确地测量流量，就必须研究不同流体在不同条件下的流量测量方法，并提供相应的测量仪表，这是流量计量的主要工作之一。由于被测流体的特性如此复杂，测量条件又各不相同，从而产生了各种不同的测量方法和测量仪表，工作原理有机械原理、热学原理、声学原理、电学原理、光学原理和原子物理原理等。据统计，目前国外投入使用的流量计有 100 多种，国内定型投产的也有近 20 种。随着工业生产的自动化、管道化的发展，流量仪表在整个仪表生产中所占比例越来越大。据国内外资料表明，在不同的工业部门中所使用的流量仪表占整个仪表总数的 15%~30%。

流量仪表种类繁多，其结构特性、测量原理、适用范围和使用方法各不相同。按照测量原理流量计可分为容积式流量计、速度式流量计和质量式流量计。

容积式流量计是利用流体在单位时间内连续通过固定容积的数目作为测量依据的流量计，有腰轮流量计、椭圆齿轮流量计和刮板流量计。

速度式流量计是以测量流体在管道内的流动速度作为测量依据的流量仪表，有差压式流量计、涡轮式流量计、电磁式流量计、超声流量计等。差压式流量计是最常见的一种速度式流量计，是根据安装于管道中检测件产生的差压、已知的流体条件，以及检测件与管道的几何尺寸来计算流量的仪表，包括孔板流量计、文丘里流量计、均速管流量计和音速喷管等。此类流量计可用于测量大多数液体、气体和蒸汽的流量。该流量计没有运动部件，所以应用广泛，使用方便，此类流量计在各工业部门的用量约占流量计全部用量的 1/4~1/3。但此类流量计堵塞后会造成压力损失，影响精度。

质量式流量计是利用测量流体的质量为测量依据的流量仪表，可分为直接质量式流量计和间接质量式流量计。直接质量式流量计有科里奥利质量流量计、热式质量流量计等。间接质量式流量计通过不同仪表组合来间接计算质量流量量值，如利用体积流量计和密度计组合测量质量流量。质量式流量计的测量不确定度不受流体温度、压力和黏度等因素变化的影响。

按照输出信号流量计可分为脉冲频率型流量计和模拟型输出流量计。例如，涡轮流量计、涡街流量计或容积流量计的输出信号是脉冲频率信号，该类流量计称为脉冲频率型流量计；而压差流量计或转子流量计的输出信号是模拟信号，该类流量计称为模拟型流量计。

在流量测量中由于各种流量计总会受到流体物性中某一种或几种参量的影响，所以流体的物性很大程度上会影响流量计的选型。因此，在流量计选型之前，要充分考虑所选择的测量方法和流量计适应被测流体的性质，还要考虑测量过程中流体物性某一参量变化对另一参量的影响。常见的影响流量测量的物理参量有：

（1）工作压力和温度　流量计内流体的工作压力和温度，尤其是测量气体时温度压力变化会造成过大的密度变化。比如，温度和压力影响流量测量准确度等性能时，要进行温度或压力修正。另外，流量计外壳的结构强度设计和材质也取决于流体的温度和压力，因此，必须确切地知道温度和压力的最大值和最小值。当温度和压力变动很大时更应仔细选择合适的流量计。

（2）流体密度　流体密度是其状态参数温度和压力的函数，即密度随温度和压力的变化而变化，因此在测量流量时应考虑流体状态对密度的影响。在低压和常温下，压力变化对液体密度影响小，工程上常将液体视为不可压缩流体，不考虑压力和温度变化对流量的影响；对于气体，温度和压力变化对其密度影响较大，在流量测量时必须考虑温度和压力波动的影响。

（3）流体的黏度　黏性是流体的基本属性，指的是流体抗拒变形的能力；黏性越大，其抗拒外界剪切力作用的能力越强，液体和气体都具有黏性。牛顿经过大量实验，得到流体内摩擦定律，指出流体黏性力即内摩擦力的大小与流体的性质有关，并与流体的速度梯度和接触面积成正比。表示流体黏性大小的物理量为黏性系数，包括动力黏度（μ，单位为帕·秒，Pa·s）和运动黏度（ν，单位为平方米每秒，m^2/s）。

不同流体的黏度数值不同，同种流体的黏度显著地与温度有关，而与压强几乎无关。气体的黏度随温度升高而增大，液体的黏度随温度升高则减小。

（4）流动雷诺数　流动雷诺数（Re）是一种可用来表征流体流动情况的无量纲数。

$$Re=\frac{\rho vd}{\mu} \tag{3-20}$$

式中，v、ρ、μ 分别为流体的流速、密度与黏性系数，d 为特征长度。当流体流过圆形管道时，d 为管道的当量直径。

雷诺数是判别流动状态的准则数，一般认为，在管内流动中，$Re<2000$，流动状态为层流，$2000<Re\leqslant4000$ 为过渡状态，$Re>4000$ 时，流动状态为湍流（或紊流）。雷诺数相等的管内流动是相似的，具有相同的流动状态和速度分布。在仪表标定时，温度或种类不同介质在相同雷诺数条件下，仪表系数基本一致，这是许多流量计实际标定的理论基础。

（5）定熵指数　流动工质在状态变化（由一种状态转变到另一种状态）过程中若不与外界发生热交换，则该过程称为绝热过程。若此绝热过程为可逆过程，则在此过程中，流体的压力 p 与比体积 v 的 κ 次方的乘积为常数，即有：

$$pv^{\kappa}=常数 \tag{3-21}$$

式中，κ 为等熵指数。

当被测气（汽）体服从理想气体定律时，等熵指数等于比热比，即定压比热容 c_p 与定容比热容 c_V 的比值 c_p/c_V。

该参数常用于测量气体或蒸汽流量，流体流经流量测量元件时状态参数的计算，如节流孔板测流量时，流体流过节流元件，节流元件很短，其与外界的热交换及摩擦生热均可忽略，所以该过程可近似认为是等熵的。

（6）压力损失　压力损失是表征仪表性能的重要参数，由于流量计的压力损失将造成能量损耗，该参数已成为流量计仪表选型的重要指标之一。压力损失越大，克服压力损失的系统泵送能耗就越大，有的流量计年能耗损失费甚至超过本身的价格，近年来越来越受到人们重视。

流体物性方面常见的有密度、黏度、压力和其他参量。这些参量一般可以从手册中查到，从而评估使用条件下流体各参量和选择流量计的适应性，但也会有些物性参量是无法查到的，例如，腐蚀性、结垢、堵塞、相变和混相状态等。

流量计使用和计量过程中，常用的术语有：

1）流量范围。指正常使用条件下，测量误差不超过允许值的最大和最小流量范围，最

大流量和最小流量之间的差值为流量计量程，最大流量与最小流量比值为流量计量程比。

2）额定流量。指流量计在规定性能或最佳性能时的流量值。

3）流量系数（或流出系数）。是流量计的修正系数，通过校准实验确定，表示通过流量计的实际流量和理论流量的比值。

4）仪表系数。指通过流量计单位体积流量所对应的脉冲数，是脉冲信号输出类型流量计的重要参数。

5）重复性。表示在相同条件下，流量计连续多次测量同一流量时给出相同结果的能力。

6）稳定性。是指流量计在规定的工作条件保持恒定时，流量计的性能在规定时间内保持不变的能力，即其计量特性随时间恒定的能力。

7）特征曲线。指描述随流量变化的性能变化曲线，有两种表示方法：①流量计某种特性（如流量系数）与流量或流动雷诺数的关系曲线；②流量计测量误差随流量或雷诺数变化的关系曲线。

8）线性度。指整个流量范围内特征曲线偏离最佳拟合直线的程度。

9）不确定度。由 JJF 1001—2011《通用计量术语及定义》中的定义可知，根据所用到的信息，表征赋予被测量值分散性的非负参数，称为测量不确定度。测量不确定度是独立而又密切与测量结果相联系的、表明测量结果分散性的一个参数。在测量的完整表示中，包括测量不确定度。

3.5.3　流量量值传递

流量计量关乎大宗商品贸易结算，涉及的经济利益巨大，每年以流量仪表结算的年贸易额数以百亿计，目前世界各主要发达国家陆续兴建了大量流量标准装置，国内已有液体和气体传统流量计量装置。

为保证流量标准装置和工作仪表的可靠性，需要对其进行周期性检定。由于流量仪表种类繁多，适用条件也有很大差异，对适用于流量计检定的条件要求比较复杂。现有对流量计及其标准装置检定方法分为直接检定法和间接检定法。

直接检定法是将被检定流量计的示值直接与流量标准器的示值进行比对，是一种常用的方法。按照流量测量原理可分为容积法、称重法和标准表法。按照定义，容积法和称重法涉及质量和容积的测量，因此容积和质量测量直接溯源至国家长度基准和质量基准，时间和温度测量溯源至国家时间基准和温度基准。

间接检定法是指被检定流量计不进行与流量标准装置的测试比对，而是对不与测量误差直接有关的量进行检定测试。如对节流孔板检定时，不安装在测量管路上进行流量测量，而是对其结构尺寸、表面粗糙度进行测量，判断结果是否合格。因为流量计的特性不只与外表的几何特性有关，还与管道特性、流体物性、流态及流速散布等多种因素有关。间接检定法适用范围有限，精度也不是很高。大部分流量计一般要选用直接检定法进行检定。

由于适用于液体和气体的流量检定方法和程序会有较大区别，国家分别规定了液体和气体流量计量器具的检定系统。液体流量检定方法有称重法、容积法和标准表法；气体流量检定方法有容积法和标准表法。其中标准表法是流量计量器具检定的基本方法。

为保证各流量仪表具备应有的准确度，考虑量值传递的合理性，制定了中华人民共和国国家流量计量器具检定系统表，是国家对计量基准到各等级计量标准，直至工作计量器具检定程序所做的技术规定。该检定系统由文字和框图组成，内容包括基准、各等级计量标准、工作计量器具名称、测量范围、准确度和检定方法。我国现行流量计量检定系统表有 JJG 2063—2007《液体流量计器具检定系统表检定规程》和 JJG 2064—2017《气体流量计器具检定系统表》。液体和气体流量计量器具检定系统如图 3-4 和图 3-5 所示。

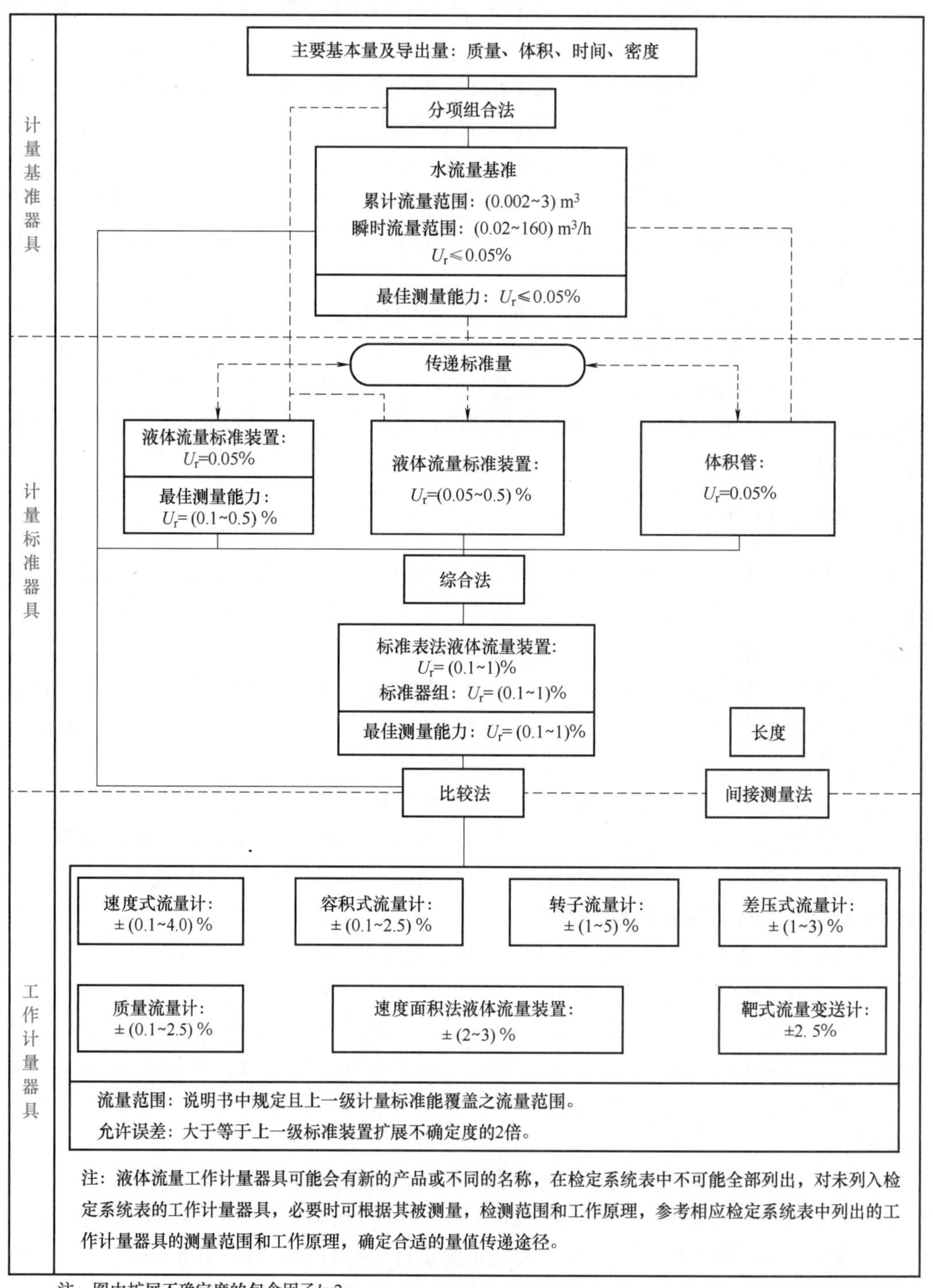

注：图中扩展不确定度的包含因子k=2。

图 3-4　液体流量计量器具检定系统

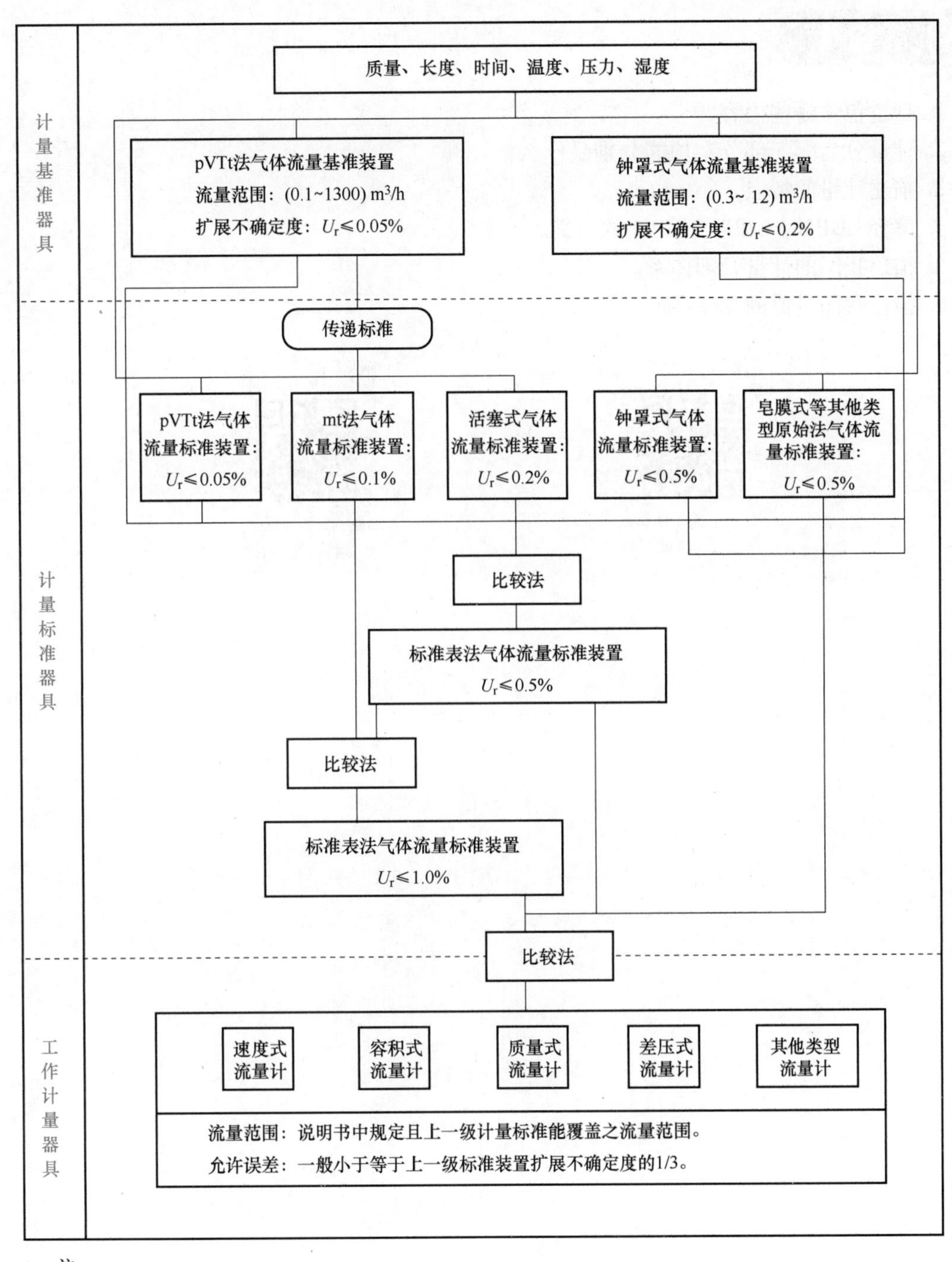

注：

1. 天然气等其他杂质需要气体组分的测量。
2. 图中扩展不确定度的包含因子k=2。
3. 计量器具可能会有新的产品或不同的名称，在检定系统表中不可能全部列出。对未列入检定系统表的工作计量器具，必要时可根据其测量范围和工作原理，参考相应检定系统表中列出的计量器具的测量范围和工作原理，确定适合的量值传递途径。

图 3-5　气体流量计量器具检定系统

简答题

1. 计量包含哪些内容？
2. 计量分为哪 3 部分？功能分别是什么？
3. 描述计量的特点。
4. 解释 CGPM、CIPM、BIPM 的含义。
5. 描述我国的计量管理体系。
6. 描述我国量值溯源体系。

绿色抉择：博弈、牺牲、责任 (1)

绿色抉择：博弈、牺牲、责任 (2)

第 4 章

氢体积流量测试技术

4.1 概述

4.1.1 氢能测量技术挑战

1. 高压氢脆问题

随着氢能与氢燃料电池的快速发展，储氢的压力不断增高。高压储氢输氢系统长期在高压、高纯氢气环境中工作，通常会引起系统金属材料的局部塑性降低、裂纹扩展速度加快，耐久性下降，这种现象称之为高压氢脆。大容积高压储氢气瓶氢脆失效导致的危害更加巨大，一旦发生高压氢脆，将会导致高压氢气承载件过早与突然失效，致使带来巨大的生命与财产威胁。

1965 年，美国某基地的 5 台高压储氢容器在不到一年的时间里相继发生泄漏，造成了巨大的经济损失。这些大型储罐的压力约为 35~70MPa，研究人员发现镍基合金在高压氢气环境会产生严重氢脆。根据当时对滞后断裂和内致氢脆的研究，即使在最严重的充氢条件下，镍基合金也不会发生氢脆。人们开始意识到，溶解在金属晶格间的氢与由外部进入成核区和裂纹尖端的氢原子的作用机理是不一样的。在 1968—1978 年间，氢气瓶在设计寿命内发生失效的次数超过 100 起，其中，21 起发生在英国，它们均为长管拖车的氢气瓶，失效时的循环次数通常为 100~2000 次，这与水压试验所测的至少 75000 次的寿命相比，差距巨大，这正是由于高压氢气增加了疲劳裂纹扩展速率，进而导致了氢气瓶的过早失效。人们把长期工作在氢气环境中的储氢容器、管道等系统，其金属材料通常会发生强度、延展性和疲劳性能损减，这种现象称为环境氢脆。

环境氢脆和内部氢脆最明显的区别在于：内部氢脆的氢来源于冶炼、浇注、电镀、焊接等工艺过程中，构件中先有氢的存在，而后构件受力；而对环境氢脆而言，金属内部的氢来源于气态氢，氢在构件表面的吸附，以及在构件内部的扩散、传输以及偏聚行为同构件的受力和变形是耦合在一起的。

环境氢脆也叫外部氢脆，是氢气环境（通常为高压情况）中的氢经过物理吸附、氢分子解离、化学吸附进入金属后，在应力以及氢的联合作用下，扩散与溶解在金属中，局部氢浓度达到饱和时，引起金属宏观上延性降低和塑性损减或产生滞后断裂的现象。氢气在金属材料表面的吸附是氢致开裂过程的主导因素。金属中的原子是按一定的规则周期性地排列起来的，称为晶格。氢原子一般处于金属原子之间的空隙中，晶格中发生原子错排的局部地方称为位错，氢原子易于聚集在位错附近。金属材料受外力作用时，材料内部的应力分布是不均匀的，在材料外形迅速过渡区域或在材料内部缺陷和微裂纹处会发生应力集中。在应力梯度作用下氢原子在晶格内扩散或跟随位错向应力集中区域运动，由于氢和金属原子之间的交互作用使金属原子间的结合力变弱，这样在高氢区会萌生出裂纹并扩展，导致了脆断。另外，由于氢在应力集中区富集促进了该区域塑性变形，从而产生裂纹并扩展。还有，在晶体中存在着很多的微裂纹，氢向裂纹聚集时又吸附在裂纹表面，使表面能降低，因此裂纹容易扩展。

随着氢气压力的增高，材料发生氢脆的程度也会增加。在低压阶段，材料的力学性能对于氢气压力的依赖较强，而在高压阶段则对氢气压力的依赖性较弱。通常会存在一个临界的压力，当氢气压力高于该压力时，压力的变化不再对材料的力学性能产生影响；而低于该压力时，材料的力学性能对氢气压力较为敏感，压力的变化将会导致材料氢脆程度的变化。压力超过临界值后不再对力学性能产生影响的原因主要与材料中可逆陷阱氢的饱和有关。该临界压力取决于合金种类以及所测量结果的类型，会受到温度、测试参数（如疲劳测试中循环加载频率）的影响。

我国目前较多研究应用的钢制储氢压力容器材料为4130X钢，4130X钢在19.6MPa常温氢气中进行试验结果表明，应力强度因子门槛值随抗拉强度的减小而增加，尤其当抗拉强度为882MPa及以下时，应力强度因子门槛值增大较快，氢脆的敏感性显著减小；断裂韧度研究表明，高压氢气会降低4130X钢在氢气环境中的断裂韧度，且随氢气压力的增大，材料的断裂韧度减少更多。由于高压氢系统长期在高压氢气环境中工作，在循环载荷的作用下，如加氢站、长管拖车储氢用大容积气瓶结构经历氢气的循环加压与泄压过程，氢气会明显地加速裂纹的疲劳扩展速率。且随着氢气压力的增加，疲劳裂纹扩展速率加快的程度更加严重，在92MPa氢气环境中疲劳裂纹扩展速率约是空气中的30~50倍。因此，疲劳破坏成为高压储氢输氢气瓶安全的重要威胁。目前对不同材料环境氢脆规律研究还不够深入，各国都在加强这方面的研究工作。

为了测量高压气体的流量，有两种方式可以考虑：①收集高压气体膨胀后的低压气体，测量其流量；②直接在高压气体管路上进行测量。方式①测量低压气体流量容易实现，但是需要制造密封舱，而且必须保证密封有效，每次测量中都需要检验密封性，因此使用时不是很方便，早期研制工作中一直采用此方法，对低压气体测量的流量计很多，最常用的流量计有涡轮流量计、浮子流量计与热式质量流量计等，测量之后一般往往需要进行必要的修正。方式②测量简便，但是能实现高压气体测量的流量计比较少，主要有质量流量计、高压热式流量计和超声波流量计。

2. 深冷低温存储技术存在的问题

液氢存储是一种深冷的氢气存储技术。氢气经过压缩后，深冷到21K以下使之变为液氢，然后存储到特制的绝热真空容器中。目前全球已建成的加氢站中，有约2/3为技术较为成熟的气氢加氢站，不过最近的研究指出，液氢加氢站显现出了优秀的应用潜力。尤其是在大型加氢站，相比气氢加氢站，液氢加氢站的设备成本与运行成本更低，其优势在于：①液氢存储密度高、适应大规模远距离储运；②采用了高压液氢泵。液氢泵与氢气压缩机对比，具有显著的热力学优势，液氢密度远大于气氢，可以最大程度地减小压缩功；采用液氢泵可以简化加氢站结构，省去氢气预冷器低温液体泵运行过程中始终面临吸热蒸发、产生汽蚀的风险。若能通过保持液体过冷的方法来降低饱和蒸气压，便可规避汽蚀风险，同时降低汽蚀余量。低温液化储存作为最经济的储存方式之一，使其在氢能的储运上具备极大潜力。

但是，由于氢的临界温度和转化温度非常低，且汽化潜热小，所以液化起来比较困难。

但由于液氢沸点很低、汽化潜热小（0.45kJ/g），因此，液氢的温度与外界的温度存在巨大的温差，稍有热量从外界渗入容器，便可造成液氢的快速沸腾而损失。为了避免和减少蒸发损失，液氢燃料储罐多采用双层壁式结构，内外层罐壁之间除保持真空外，还要放置碳纤维和多层薄铝箔以防止热量传递。例如，美国著名的土星-5 运载火箭上，装载 1275m^3 液氢，地面贮罐容积为 3500m^3，工作压力为 0.72MPa，液氢日蒸发率为 0.756%。

液氢是一种具有良好发展前景的氢能储运方式，但液氢的使用安全问题一直备受关注。由于温度低、沸点低，液氢一旦发生泄漏，可能导致严重的安全事故。一方面，液氢的低温特性可能对周围的设备和人员造成较大的伤害；另一方面，液氢蒸发后形成的气氢由于可燃范围广（4%~75%），且扩散性强，与空气混合后会形成可燃气云，极易发生着火或爆炸。

液氢设备绝热保冷方法有：

（1）堆积绝热　在需要绝热的表面上装填或包覆一定厚度的绝热材料以达到绝热的目的。其特点是成本低，无须真空罩，易用于不规则形状。堆积绝热有固体泡沫型、粉末型和纤维型。常用的堆积绝热材料有泡沫聚氨酯、泡沫聚苯乙烯、膨胀珍珠岩（又名珠光砂）、气凝胶、超细玻璃棉、矿棉等，为了减少固体导热，堆积绝热应尽可能选用密度小的材料。为防止堆积绝热材料空间有水蒸气和空气渗入，可设置防潮层，或通过向绝热层中充入高于大气压的干氮气防止水蒸气和空气的渗入。堆积绝热广泛应用于天然液化气贮运容器，大型液氧、液氮、液氢贮罐以及特大型液氢贮罐中。

（2）高真空绝热　一般要求容器的双壁夹层绝热空间保持 1.33×10^{-3}Pa 以下压强的高真空度，以消除气体的热对流和热传导。单纯高真空度绝热层具有结构简单、紧凑、热容量小等优点。漏入低温区的热量主要是辐射热，少量的剩余气体导热以及固体构件的导热，因而提高其绝热性能主要从降低辐射热和提高、保持夹层空间真空度两方面考虑：一方面是壁面采用低发射率的材料制作或夹层壁表面涂上低发射率的材料，如银、铜、铝、金等，并进行表面清洁和光洁处理，或通过安装低温蒸气冷却屏降低器壁的温度以减少辐射传热；另一方面是在高真空夹层中放置吸气剂以保持真空度。该方法适用于小型液化天然气贮存，少量液氧、液氮、液氢以及少量短期的液氢贮存，由于高真空度的获得和保持比较困难，一般在大型贮罐中很少采用。

（3）真空粉末（或纤维）绝热　在绝热空间填充多孔性绝热材料（粉末或纤维），再将绝热空间抽至一定的真空度（压力为 1~10Pa），此方法是堆积绝热与高真空绝热相结合的一种绝热形式。在真空粉末（或纤维）绝热中，绝热层被抽成真空可显著降低表观热导率，只要在不高的真空度下，就可以消除粉末或纤维多孔介质间的气体对流传热，从而降低高真空度的获得与保持的难度。由于绝热层中热辐射为主要漏热途径，在真空粉末中掺入铜或铝片（包括颗粒）可有效地抑制热辐射，该类绝热称为真空阻光剂粉末绝热。影响真空粉末绝热性能的主要因素有绝热层中气体的种类与压强、粉末材料的密度、颗粒的直径以及金属添加剂的种类与数量。真空粉末绝热所要求的真空度不高，而绝热性能又比堆积绝热优两个数量级，因此广泛用于大、中型低温液体贮存中，如液化天然气贮存、液氧、液氮运输设备及量大的液氢船运设备中，其缺点主要是要求绝热夹层的间距大，结构复杂而笨重。

（4）高真空多层绝热　简称多层绝热，是一种在真空绝热空间中缠绕包扎许多平行于冷壁的辐射屏与具有低热导率的间隔物交替层组成的高效绝热结构，其绝热空间被抽到 10^{-3}Pa以上的真空度。辐射屏材料常用铝箔、铜箔或喷铝涤纶薄膜等，间隔物材料常用玻璃纤维纸或植物纤维纸、尼龙布、涤纶膜等，使绝热层中辐射、固体导热，以及残余气体热导都减少到了最低程度，因而高真空多层绝热又被称为“超级绝热”，其特点是绝热性能卓越，质量小，预冷损失小，但制造成本高，抽空工艺复杂，难以对复杂形状绝热，常应用于液氧、液氮的长期贮存，液氢、液氦的长期贮存及运输设备中。

（5）高真空多屏绝热　一种多层绝热与蒸气冷却屏相结合的绝热结构，在多层绝热中采用蒸气冷却屏作为绝热层的中间屏，由挥发的蒸气带走部分传入的热量，以有效地抑制热量从环境对低温液体的传入。高真空多屏绝热是多层绝热的一大改进，绝热性能十分优越，热容量小、质量小、热平衡快，但结构复杂、成本高，一般适用于液氢、液氦的小量贮存中。

低温液体贮运容器绝热结构形式的选择，应根据不同低温液体的沸点、贮存容器容积的大小、形状、日蒸发率、制造成本等多种因素综合考虑。一般选择原则是：低沸点的液体贮运容器采用高效绝热，如高真空多层绝热；大型容器选用制造成本低的绝热形式，而不必过多考虑质量和所占空间大小，如堆积绝热；运输式及轻便容器应采用质量小、体积小的绝热形式；形状复杂的容器一般不宜选用高真空多层绝热；间歇使用的容器，宜选用热容量小的高真空绝热或有液氮预冷的高真空绝热；小型液氢、液氦容器，尽可能采用高真空多屏绝热。由于液氢的低温特性，储罐壁板材料应具备很强的耐低温性能，要保证在20K低温下材料自身不会出现性能下降或失效的情况。

液氢的沸点低，汽化潜热很小，通常液氢贮运容器必须具有优异的绝热性能，但根据不同贮存容量的大小、移动或固定形式等工况可选择多种绝热结构形式，对于液氢贮罐，高真空多层绝热是典型的绝热结构形式。对于低温液氢用不锈钢壁板，可采用表面处理的方式提高抗氢脆性，常见方法包括在钢板表面喷涂涂层或使用激光喷丸处理表面等，在材料的表面层引入硬化层和残余压应力层，通过提高材料的表面强度以提高材料的耐蚀性，进而降低材料表面的氢渗透率。

对于配送管道中使用的低强度钢，其主要的氢损伤是韧性损减和氢鼓泡。氢损伤的严重程度主要取决于氢浓度和操作压力。因此对于所处压力较低、具有较低应力的配送管道，发生氢损伤的风险较低。球墨铸铁、铸铁、锻造铁及铜等制造的配送管道，在常规工况下不需要关注氢损伤问题。管网中的非金属配送管网，操作压力应一般低于1MPa。研究表明，氢对聚乙烯管道的影响较小，材料在氢环境中长期服役性能未出现退化现象，其微观组织结构也未发生显著变化。此外，大部分的弹性体材料也与氢有良好的相容性。

总体上，氢对钢材的屈服强度和抗拉强度影响较小，而会使材料的韧性降低。普通管道L245和20钢已经广泛应用于低压氢气的输送，几乎没有出现问题。随着氢气压力的继续增加，氢气对断面收缩率的影响基本保持不变。

3. 氢气泄漏

由于氢较其他分子体积更小，所以对管网中渗漏问题的研究显得非常重要。管道输送过程中氢气泄漏是一种连续泄漏，通常会产生气体积聚的现象，可引起窒息危险，遇明火容易发生燃爆，故需对气体的泄漏与积聚进行研究。

泄漏可以分两种情况：一种是渗漏，主要发生在管道壁面和接触密封处，渗漏速度较慢；另一种是意外情况下的泄漏，主要是由自然灾害及操作问题等引起的泄漏，泄漏速度较快。正常工况下，渗漏主要发生在配送管网，以从非金属材料中渗透的渗漏为主。

渗漏气体的大部分是通过管道壁面渗透。相对于甲烷，氢气在管道中不存在扩散潜伏期，氢气的渗漏速率一般比甲烷快4~5倍，且随着管道压力的增加氢气和甲烷渗漏的速率都会增加。另外，在接触密封处也存在着气体渗漏问题。管路配送系统使用弹性体材料密封，相对于天然气，它对氢气的渗漏速率更高。管道中绝大多数非金属材料对氢气的渗漏速率可在美国燃气协会、欧洲工业气体协会及国际能源署等提供的文献中查询。对比表明，天然橡胶和丁苯橡胶对氢的密封能力相对于其他弹性体材料较差。在钢和球磨铸铁中的渗漏主要是通过螺纹或机械接头。美国燃气技术研究院（Gas Technology Institute，GTI）开展渗漏测试表明，接头处氢的体积渗漏速率比天然气的高 3 倍。而在含有诸多密封接头的狭小空间内，由于氢渗漏速率较高，随着时间的推移渗漏气体的积累可能会带来安全问题。意外情况下气体泄漏速度较快，且由于管道的操作压力及泄漏口大小等的不同，泄漏情况较为复杂。

4.1.2　氢流量测试技术

准确测量气体和液体的流量技术已经较成熟，目前已有一系列仪器仪表技术用于完成该项工作。但在氢流量测量时，会存在以下 3 方面的问题：①氢气分子直径小，会导致气体渗透泄漏，影响计量精度；②由于密封性问题，导致氢气泄漏至大气，引发潜在安全问题；③氢脆会损坏流量计内部部件，影响流量计使用持久性。

除氢介质的特性外，对于处于深冷状态的液氢，在测量过程中，会存在以下问题：①由于液氢低沸点和蒸发潜热小，在测量过程中，任何敏感元件引入很小一点漏热、元件本身产生的自热以及流体流动产生的摩擦力等极易使液氢沸腾成气液两相流体；②液氢和正常流体相比具有较大的热膨胀系数，蒸气曲线比较陡峭，容器从一个大气压增加到两个大气压时，液氢温度上升到 23K 以上，液面升高约 5%，即封闭质量不变的液氢储槽，压力升高时液面升高；③由于相对密度小，相比常规液体较轻，“放空”后仍旧有可观氢质量，剩余氢会和仪表示值产生百分之几的误差；④易分层性，由于低温流体导热性能差，在静止情况下，容器外壁液体温度高、密度小，冷热液体会产生分层，系统形成各向异性或多相性，会影响均相测量仪表的精确度。极低温液体流量测量常用孔板流量计、涡轮流量计和涡街流量计，表 4-1为各类仪表在氢流量环境中的适用性。

表 4-1　各类仪表在氢流量环境中的适用性

应用场景	介质	流量计						
		膜式	旋转体积	涡轮	超声	热式质量	科里奥利质量	孔板
家用	传统	合适	不合适	不合适	合适	合适	不合适	不合适
	氢	性价比低	不合适	不合适	合适	合适	不合适	不合适
工业	传统	合适	合适	合适	合适	性价比低	性价比低	合适
	氢	不合适	性价比低	合适	合适	性价比低	性价比低	合适
运输	传统	合适	不合适	性价比低	不合适	不合适	性价比低	不合适
	氢	不合适	不合适	性价比低	合适	性价比低	合适	不合适

家用氢燃料流量测量时，可用超声流量计和热式质量流量计。在工业应用场合，运行压力和体积流量增加，涡轮流量计、超声流量计和孔板流量计使用性较好，有望在氢流量测量过程中被广泛应用。在运输过程中，科里奥利流量计越来越多地被使用，该流量计拥有合适的量程，并且可工作于 30~70MPa 的压力范围内。

本小节主要介绍适用于工业场合氢体积流量计量的仪表。

4.2 涡轮流量计

4.2.1 涡轮流量计概述

涡轮流量计是速度式流量计中的一种，以测量流体在管道内的速度作为测量依据来计算流量。它利用置于流体中叶轮的旋转角速度与流体流速成比例的关系，来反映流体通过管道的体积流量的大小，是目前流量仪表中比较成熟的高精度仪表。

涡轮流量计目前已被广泛地应用在高压和低温流量计量的场合中，该流量计具有如下几个优点：

1）测量精度高，对于液体，一般为±(0.25%~0.5%)，高精度型可达±0.15%；介质为气体时，精度一般为±1.5%，特殊专用型为±(0.5%~1%)。

2）下限流速低，测量范围广，中大口径的量程比可达 10∶1~40∶1（最大流量与最小流量之比），适用于流量变化范围比较大的场合。

3）耐高压、耐腐蚀、容易维修，有自整流的结构，小型轻巧，结构简单。

4）重复性和稳定性高，短期重复性可达 0.05%~0.2%，动态响应速度快。

5）采用先进的超低功率单片微机技术，整机功能强、功耗低、性能优越。

6）压力损失小，无零点漂移，叶轮具有防腐功能。

7）寿命长，有较强抗磁干扰和抗振动能力。

涡轮流量计也有一些缺点，在实际选型和应用中要尤为注意：

1）难以长期保持校准特性，需要定期校验。

2）因受流场分布的影响较大，所以需设置较长的上下游直管段，不便于安装，如安装空间有限，可加装整流器以缩短直管长度。

3）计量性能受流体介质的黏度、密度等特性影响较大，在使用时应使介质和工作条件尽量同校准介质和校准工况相接近，同时在现场温度、压力波动较大的情况下，要根据其对精确度的影响程度采取补偿措施，才能保持流量计较高的测量精度。

4）对被测介质洁净度要求较高，介质中有悬浮物或腐蚀性时，容易造成轴承磨损及卡住等问题，需要定期对它进行清洗检查，定期注入润滑油以维持叶轮良好的运行精度。

涡轮流量计是 20 世纪 50 年代研制发展起来的，美国广泛采用涡轮流量计用于液氧、液氢流量测量，奥复（HOFFER）公司的低温涡轮流量计，用于 SSME、RS-68 和 J-2X 等氢氧发动机试验，在管路振荡和声波扰动的环境下能够测量 630~1134L/s 流量且能够保证要求的精度和稳定性。随着国家西气东输、川气东送等管道的建成，在管道沿线的分输计量站有大量的高压、大口径天然气流量计量，气体涡轮流量计作为目前国内少数几种能在高压下计量的流量计之一被广泛应用。

4.2.2 涡轮流量计结构

涡轮流量计测量本体是涡轮流量传感器，其主要由壳体、导流器、叶轮、轴承、磁电转换器组成，如图 4-1 所示。

1）壳体是流量计的主体部件，保证流量计的密闭，必须承受被测流体压力，固定安装检测部件，形成一个整体结构，并连接到管路中。材料可以采用硬铝合金、不导磁的铸钢和

不锈钢等。大口径流量计可采用碳钢和不锈钢的镶嵌结构。

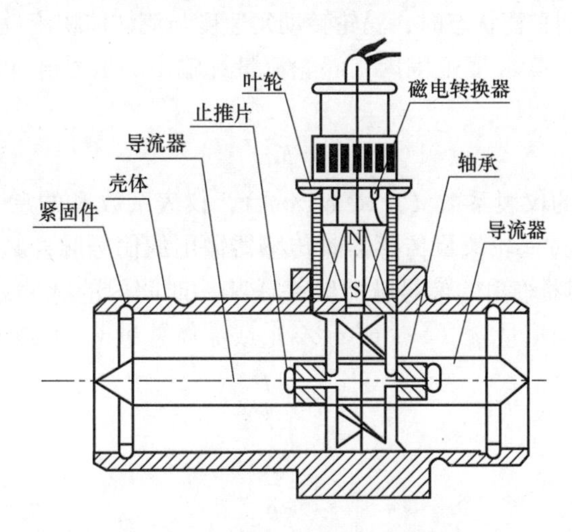

图 4-1　涡轮流量计结构示意图

2）导流器通常也选用不导磁的不锈钢或硬铝材料制成，安装在传感器进出口处，保证叶轮的正常旋转，使测量的流体比较平稳，能够准确地反应流体的流量。导流器对被测流体起压缩、整流、导向和支撑叶轮作用，加导流圈时，还有节流和调整流量功能。

3）叶轮，也称涡轮，是传感器的检测原件，悬放在管道中可以自由转动。当流体流经传感器时，由于叶轮的叶片与流动方向成一定角度，流体的冲力使叶片具有转动力矩，克服摩擦力矩和流体阻力之后叶片旋转。在一定的条件下，叶片的旋转速度随流量变化而变化，流速越快，转速也越快。叶轮切割电感传感器形成有一定幅度的连续矩形脉冲波，然后由显示仪表显示出瞬时流量和累计流量值。叶片形状有直板、螺旋和丁字形等，其形状及尺寸对传感器性能有较大影响，要根据流体性质、流量范围、使用要求进行设计。加工完成需要检查叶轮动平衡，动平衡直接影响仪表性能和使用寿命，叶轮的运行状态直接影响到被测结果。

4）轴承主要支承主轴和叶轮旋转，减少转动摩擦力矩。需要选用准确度高、噪声低、硬度强及耐磨、耐腐蚀性能好的不锈钢轴承。为避免轴发生弯曲变形，应保证轴承的良好润滑，从而更好地支承流量计的轴，使转动部件能够正常转动起来，才能达到测量流量的目的。轴和轴承一起决定流量计的可靠性和使用期限，因此轴承结构合理、材料适用以及及时维护非常重要。

5）磁电转换器将叶轮旋转的高频信号输出，产生脉冲信号，并传递给前置放大器。目前电磁感应器件分为磁阻式磁电感应转换器和半导体磁阻传感器两种。磁阻式磁电感应转换器优点是结构和原理简单，缺点是会产生磁阻力矩，对涡轮流量传感器的始动和小流量性能有较大影响；同时当涡轮转速很低时电感线圈输出信号很弱，难于检测，会出现涡轮慢转而无信号输出的情况。半导体磁阻传感器对磁场敏感且与转速无关，同时无磁吸力，因而有利于降低始动流量并提高小流量检测准确度。

4.2.3　涡轮流量计测量原理

涡轮流量计测量原理是，流体进入流量计时，涡轮叶片与流体流向形成一定夹角产生转动力矩，流动流体的动力驱动涡轮叶片转动，液体流速越快涡轮旋转速度越快。涡轮克服阻力矩和摩擦力矩转动，当达到平衡状态时，涡轮转动角速度与流体体积流量成线性关系。

在某一流量范围和一定黏度范围内，涡轮流量计输出的信号脉冲频率 f 与通过涡轮流量计的体积流量 q_V 成正比，即：

$$f = Kq_V \tag{4-1}$$

式中，K 为涡轮流量计的仪表系数（1/L 或 $1/m^3$），仪表系数 K 的意义是单位体积流量（或单位体积的流体量）通过涡轮流量传感器时传感器输出的信号脉冲频率 f（或信号脉冲总数 N）。所以，当测得传感器输出的信号脉冲频率或某一时间内的脉冲总数 N 后，分别除以仪表系数 K，就可得到体积流量 q_V（L/s 或 m^3/s）或流体总量 V（L 或 m^3），即：

$$q_V = \frac{f}{K} \tag{4-2}$$

$$V = \frac{N}{K} \tag{4-3}$$

在测量高压气氢的场合，由于气体和液体物性不同，流量计在结构参数上有显著差别。在常压下气体密度为液体密度的千分之一，气体密度小，流体推力的力矩小，欲保持气体具有和液体相同的转矩效应，则气体流速要增大 30 余倍；同样，气体用流量传感器设计时还要加大轮壳半径，缩小流道截面积，叶轮的转速也必然要急剧增大；考虑到流量计使用寿命和测量精度，对气体清洁度要求较高，尽可能减小轴承摩擦力矩，一旦被测流体的温度、压力或密度出现较大幅度变化时，则对传感器的流量系数应予修正。

要使涡轮流量计在一定流量范围正常工作，仪表系数 K 应为一常数。实际上，涡轮流量计的仪表系数 K 和体积流量 q_V 成一定函数关系，即涡轮流量计数学模型 $K=f(q_V)$。

假定涡轮处于理想的均匀运动的平衡状态，忽略涡轮轴与轴承的摩擦阻力矩以及流体通过涡轮时对涡轮产生的流动阻力矩和其他力矩。涡轮叶片与轴线夹角为 θ，涡轮平均半径为 r，流通截面积为 A，涡轮转速为 n，则平均半径处流体切向速度 v_τ 为：

$$v_\tau = 2\pi rn \tag{4-4}$$

流体流过叶片时轴向平均速度 v_n 为：

$$v_n = q_V/A \tag{4-5}$$

因为：

$$\tan\theta = \frac{v_n}{v_\tau} = \frac{2\pi rnA}{q_V} \tag{4-6}$$

所以：

$$q_V = \frac{2\pi rA}{\tan\theta}n \tag{4-7}$$

由于 r、A 和 θ 为定值，可得到涡轮的流体体积流量与涡轮转速成正比。

由于信号传感器输出脉冲信号频率 f 与涡轮转速 n 及涡轮磁钢数 Z 存在下列关系：

$$f = nZ \tag{4-8}$$

则：

$$q_V = \frac{2\pi rA}{Z\tan\theta}f = \frac{f}{K} \tag{4-9}$$

式中，K 为仪表系数，即工作条件下每立方米通过流量传感器时输出的脉冲数，单位是 $1/m^3$。

每一台涡轮流量传感器的校验合格证上都标明经过实流校验测得的仪表系数 K 值。该值与流量计结构设计和流体黏性大小有关，其数值由实验标定得到。

$$K=\frac{Z\tan\theta}{2\pi rA} \tag{4-10}$$

4.2.4　涡轮流量计特性分析

1. 理想特性曲线

假定涡轮流量计处于匀速运动的平衡状态，忽略涡轮轴与轴承的摩擦阻力矩，忽略流体对涡轮的阻力矩，此时，仪表系数 K 与流量之间的关系公式（4-11）：

$$K=\frac{f}{q_V}=\frac{Z\tan\theta}{2\pi rA} \tag{4-11}$$

可见，理想特性曲线仅与涡轮结构参数有关，与流量无关，系数 K 是常数。如图 4-2 所示为涡轮流量计特性曲线。

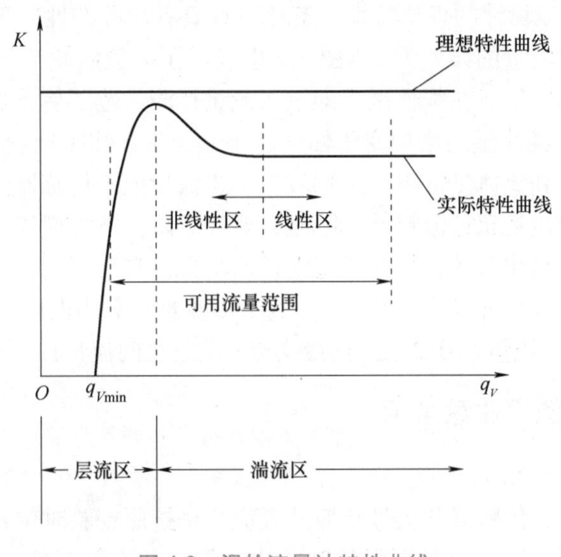

图 4-2　涡轮流量计特性曲线

2. 始动流量 $q_{V\min}$

实际涡轮流量计工作时，首先必须克服轴承摩擦力矩后才能开始转动，将涡轮克服静摩擦力矩的最小流量称为始动流量，用 $q_{V\min}$ 表示。当通过流量计的流量小于始动流量时，涡轮不转，流动阻力矩可忽略不计，输出信号频率近似为 0。

始动流量值计算表达式为：

$$q_{V\min}=\sqrt{\frac{T_{\rm rm}A}{r\tan\theta}}\sqrt{\frac{1}{\rho}} \tag{4-12}$$

式中，$T_{\rm rm}$ 为摩擦阻力矩，可视为常数；θ 为叶片结构角，即涡轮叶片与轴线的夹角；ρ 为流体密度。由式（4-12）可知，摩擦阻力矩 $T_{\rm rm}$ 越小，流量计的始动流量值越小，则在小流量区段量限越宽。因而，为得到好的小流量特性，应减小流量计的涡轮与轴承之间的摩擦力。而且，流体介质密度 ρ 越大，$q_{V\min}$ 越小，因而测量过程中，要关注介质密度的影响，介质密度随温度或压力变化时，可能引起流量计特性曲线的平移。

3. 实际特性曲线与流量变化的关系

当流量大于始动流量值后，随流量增加，涡轮旋转角速度增大，流体产生的阻力矩将成为影响流量计特性的主要因素，而轴承摩擦产生的摩擦阻力矩较小，可以认为$T_{rm}=0$。

在被测流体流动过程中，随着流量增加，流动状态从层流转变为湍流，由于不同流动状态，流体产生阻力机理不同，流量计量特性曲线也不同。

在层流流动状态时，流体阻力与介质黏性、涡轮旋转角速度成正比，由于涡轮角速度与流体流量成正比，因而在层流流动时，仪表系数K与流体黏性有关，当黏性不变时，仪表系数K随流量而变化，q_V增加，则K增加。

在湍流流动状态下，仪表系数K仅与仪表本身结构有关，而与流量、流体黏度等参数无关，近似为一个常数。只有在湍流状态下，仪表系数K才真正显示了常数性质，仪表系数K为常数的区间才是该流量计流量测量范围。

在层流和湍流过渡阶段，仪表系数K有一个峰值，该值受流体黏度影响大，黏度越大，峰值位置向大流量方向移动。在该区间，仪表系数K变化较大，这段称为非线性段。

图4-2显示了涡轮流量计的理想特性，若流量计具有这种特性，不论流量如何变化，总可以使累积流量和瞬时流量的误差为0。图4-2也显示了一般涡轮流量计特性曲线的大致趋势，分为线性区和非线性区。在线性区，即进入流量计测量范围后，特性曲线与传感器结构尺寸有关，仪表系数K随流量的增加变化幅度越小，流量计测量准确度越高。在非线性区，特性曲线受轴承摩擦力和流体黏性阻力影响较大。当流量低于传感器流量下限时，仪表系数随着流量迅速变化。当流量超过流量计上限时，要注意防止空穴现象发生。结构相似的涡轮流量计特性曲线的形状是相似的，仅在系统误差水平方面有所不同。

一般将涡轮流量计计量准确度以0.2 $q_{V\max}$为分界流量点分为两段，流量在$q_{V\min}$和0.2 $q_{V\max}$之间流量准确度为2%，流量在0.2 $q_{V\max}$到最大流量$q_{V\max}$之间流量计准确度为1%。

4.2.5 涡轮流量计使用注意事项

1. 安装定位问题

涡轮流量计运行时，传感器和信号转换装置应严格按照校验时位置安装。传感器位置不同，轴承摩擦阻力不同，同一流量下涡轮转速也不同，从而引起仪表系数值变化。流量越小，该影响越大，特别是在线性测量范围下限1/3部分，影响显著。传感器可采用水平或垂直安装，实验表明若校验和实际工作过程安装方式不同，当安装角度偏差90°时，由于轴承摩擦阻力变化，可导致在流量计上限10%范围内，仪表系数值偏差3%；若水平或垂直安装角偏差不超过5°，不致影响仪表性能变化，仪表系数值仍符合标定数值。

流量计测量时，安装位置应尽可能远离振动和脉动流测量环境。运行过程中，上游阀门应全开，过滤器或过滤筛应保持清洁。如果空间受限，流量计内部应内置一体化流动调整器，其出口到流量计进口的直管段长度应不小于2倍管径。

2. 流动状态问题

涡轮流量计仪表特性参数对变送器进口速度分布尤为敏感，进口流速突变和流体旋转会导致流量计测量误差增加到不被允许的程度。在工程上，涡轮流量计流量变送器前一般有若干倍管道直径长度的直管段。若直管段不够长，管道弯曲或由于安装变送器密封垫片凸出而改变流体和涡轮叶片之间的角度，会导致测量误差增加2%或更多。此时，除在泵、阀或弯管等阻力件后安装必要的直管段外，可在管道中安装导流器从而保证管道及流量计密封垫片

良好定位减少流动漩涡。

3. 压力影响

涡轮流量计所需的进口流体压力，取决于流量计的结构和制造工艺，为保证涡轮流量计在量程范围内正常使用，变送器中的压力不能低于该介质汽化压力，否则会产生气蚀，流量指示偏大。

4. 温度影响

温度变化会引起涡轮流量计金属材料热胀冷缩，几何尺寸随之变化，最后导致转速变化影响测量结果。研究表明，叶轮转速随温差呈线性关系，因此温度对测量结果的影响必须考虑。

5. 流体黏度影响

被测流体的黏滞性影响叶轮的阻力，进而影响叶轮转速，流量计仪表系数受流体黏滞性影响。试验表明，流体黏度越大，流量计线性测量范围越小；黏度越大，流量越小，对仪表系数影响越大；黏度对仪表系数的影响还同仪表结构和尺寸有关，仪表口径越小，黏度变化引起的影响程度越显著。

4.3 节流式流量计

4.3.1　节流式流量计概述

节流式流量计是一种典型的差压式流量计，是目前工业生产中用来测量气体、液体和蒸气流量的最常用的一种流量仪表。其发展历史悠久，因其可以承受恶劣工况，因此使用面非常广泛。在 20 世纪 70 年代以前，它几乎是独一无二的流量计。节流流量计经过长期的使用人们积累了丰富的实践经验，是目前最成熟的流量仪表之一。在整个工业生产领域中，节流式流量计总数占流量仪表总数的一半以上。节流式流量计之所以得到如此广泛的应用，主要是因为它具有以下两个非常突出的优点：

1）结构简单，安装方便，工作可靠，成本低，又具有一定准确度，能满足工程测量的需要。

2）有很长的使用历史，有丰富的、可靠的实验数据，设计加工已经标准化。只要按标准设计加工的节流式流量计，不需要进行实际标定，能在已知的不确定度范围内进行流量测量。

当然，节流流量计在使用时受到一些条件限制，如不适用于脉动流和临界流流量测量，使用标准节流装置时，流体性质和状态必须满足下列条件：

1）流体必须充满管道和节流装置，并连续流经管道。

2）流体必须是牛顿流体，在物理上和热力学上是均匀和单相的，如多相流动时，需满足气体中不大于 2%（质量分数）均匀分散固体颗粒，或液体中不大于 5%（体积分数）均匀分散气泡，此时密度按平均密度计算。

3）流体流量不随时间变化的定常流动，或者流量变化非常缓慢；不适用于脉动流，脉动流的定义是指波动压差值小于平均压差 10%。

4）流动为亚音速，流体流经节流件时不发生相变。

5）流体流经节流件前，流动为无旋流动。

4.3.2 节流式流量计结构及其工作原理

节流式流量计利用流体流经节流装置时产生的压力差来检测流量。此流量计由能将流体流量转换成压差信号的孔板和喷嘴等节流装置和测量压差的显示仪表组成。当充满管道的流体流经管道内的节流装置时，在节流件附近造成局部收缩，流速增加，在其上、下游两侧产生静压力差，根据流动连续性原理和伯努利方程可以推导出压差与流量之间的关系而求得流量，即通过压差的测量来获得流量。

如图 4-3 所示，安装在流通管道中的节流装置也称为“一次装置”，包括节流件、取压装置和前后直管段；显示装置包括引压管路和测量中的仪表，也称为“二次装置”。节流件有标准孔板、标准喷嘴、文丘里管和文丘里喷嘴等。

由于节流式流量计具有大量经验性数据，实现了标准化。标准节流装置成熟度高，可以不经过检定就可确定其测量不确定度。标准孔板是一块具有圆形开孔、与管道同心、直角入口边缘非常锐利的薄板，用于不同管道内径和各种取压方式的标准孔板，其几何形状都是相似的。孔板流量计结构简单，易于复现，通用性强，价格低廉，其缺点是线性度差，量程比小，重复性不高，准确度因受诸多因素影响也不高，压力损失较大，现场安装条件要求高，如要求上游直管过长（一般至少 $20D\sim50D$，D 为管道直径），由于使用条件下易积污和被磨损，所以流出系数不稳定。

如图 4-4 所示为节流件基本形式。标准孔板由两个圆弧曲面构成的入口收缩部分和与之相接的圆柱形喉部组成，各部分尺寸标准有严格规定。文丘里喷嘴由收缩段、圆筒形喉部和扩散段构成，入口收缩段与标准喷嘴完全相同，扩散段长度对流出系数影响不大，与喉部连接不必圆滑过度，长度只影响压力损失，扩散角≤30°。标准喷嘴适用于黏性小、流速大的高雷诺数流动场合，压力损失小，缺点是加工复杂，使用面窄，要求上游直管段较长。标准文丘里管压力损失小，缺点是量程比小，不适用于测量含湿（或冷凝）的气体，介质中含固体颗粒时，易被堵塞，要求上游直管段较长，用于大口径管线时，体积庞大，价格昂贵。

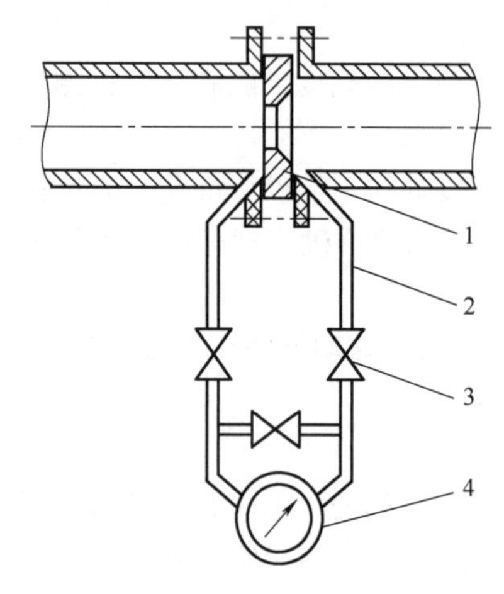

图 4-3 节流式流量计结构示意图

1—节流件 2—引压管路 3—阀门 4—差压计

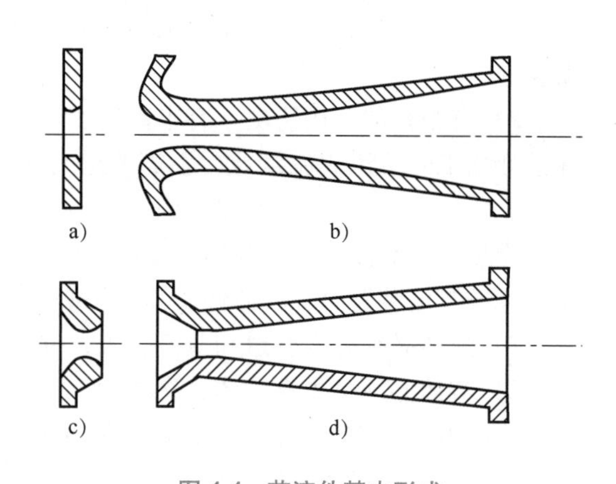

图 4-4 节流件基本形式

a）标准孔板 b）文丘里喷嘴

c）标准喷嘴 d）标准文丘里管

国际标准 ISO 5167：2022、ISO 9300：2022 和国家标准 GB/T 2624—2006，规定了孔

板、喷嘴和文丘里管的几何形状及其安装在充满流体的管道中测量管道内流体流量的使用方法（安装和工作条件），同时也给出了用于计算流量和其相应不确定度的必要资料。此外，每一种装置都只能在规定的管道尺寸和雷诺数极限范围内使用。按照标准设计、制作和安装的节流装置，不必经过标定即可使用。表 4-2 为标准节流装置适用范围。

表 4-2　标准节流装置适用范围

节流件名称	孔径 d/mm	管道内径 D/mm	直径比 β（d/D）	雷诺数 Re
角接取压孔板	$d \geqslant 12.5$	$50 \leqslant D \leqslant 1000$	$0.1 \leqslant \beta \leqslant 0.75$	$\beta \leqslant 0.56$，$Re \geqslant 5000$ $\beta > 0.56$，$Re \geqslant 16000\beta^2$
D-$D/2$ 取压孔板				
法兰取压孔板				$\beta \leqslant 0.56$，$Re \geqslant 5000$ $\beta > 0.56$，$Re \geqslant 170\beta^2 D$
标准喷嘴	—	$50 \leqslant D \leqslant 500$	$0.3 \leqslant \beta \leqslant 0.8$	$0.3 \leqslant \beta \leqslant 0.44$， $7\times10^4 \leqslant Re \leqslant 10^7$ $0.44 \leqslant \beta \leqslant 0.80$， $2\times10^4 \leqslant Re \leqslant 10^7$
长径喷嘴	—	$50 \leqslant D \leqslant 630$	$0.2 \leqslant \beta \leqslant 0.8$	$10^4 \leqslant Re \leqslant 10^7$
文丘里喷嘴	$d \geqslant 50$	$65 \leqslant D \leqslant 500$	$0.316 \leqslant \beta \leqslant 0.775$	$1.5\times10^5 \leqslant Re \leqslant 2\times10^6$

如图 4-5 所示，以孔板流量计为例，流体通过节流孔板前，已经开始收缩，流束通过孔板后由于惯性继续收缩，直到孔板后某一距离处达到最小流束，此时流体平均速度最大，之后流束扩大，并逐渐充满整个管道，速度也恢复到孔板来流前的速度。在孔板前，由于孔板局部阻力和流体黏性影响，造成部分流体局部滞止，壁面静压升高，通过孔板后，随着流束缩小，流体速度增加，压力降低，达到某个最低值；之后随着流束扩大而压力升高，最后达到一个稍低于原管中压力值，该压差即为节流件造成的压力损失，用 Δp 表示。节流装置中造成流体压力损失的原因是孔板前后涡流形成以及流体黏性摩擦阻力，使得流体的总机械能（包括动能、压力势能和位置势能）的一部分不可逆地转变成了热能，最终黏性摩擦耗散在流体内。为减少这部分损失，人们采用喷嘴和文丘里形状节流件，尽量消除节流件前后涡流区，以减少流体局部能量损失，节约仪表运行的能量消耗。

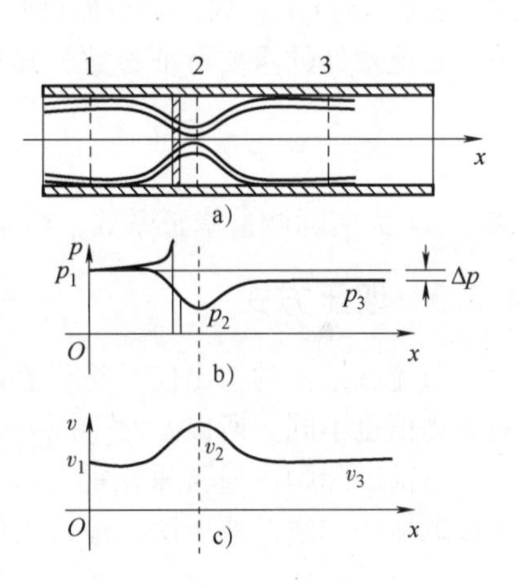

图 4-5　节流件前后压力速度分布

a）流动情况　b）压力特性　c）速度特性

推导节流流量计测量公式时，先假定管道中为理想流体一维等熵定常流动，且流动为充分发展层流或湍流，可根据伯努利方程和连续性方程获得体积流量 q_V 和节流阀压差 Δp 的关系。实际过程中，应采用系数对不符合的假设条件进行修正。

如图 4-5 所示，取两流束收缩前截面 1 和流束最小截面 2，流体水平流动不考虑重力势能变化，则不可压缩连续性方程为：

$$A_1 v_1 = A_2 v_2 \tag{4-13}$$

由伯努利方程得到：

$$\frac{p_1}{\rho}+\frac{v_1^2}{2}=\frac{p_2}{\rho}+\frac{v_2^2}{2} \tag{4-14}$$

可以得出：

$$v_2=\frac{1}{\sqrt{1-\mu^2\beta^4}}\sqrt{\frac{2}{\rho}(p_1-p_2)} \tag{4-15}$$

流量为：

$$q_V=v_2A_2=\mu A_0\frac{1}{\sqrt{1-\mu^2\beta^4}}\sqrt{\frac{2}{\rho}(p_1-p_2)} \tag{4-16}$$

式中，p 为静压，下标 1 和 2 分别表示截面 1 和截面 2；v 为平均速度（m/s）；ρ 为流体密度（kg/m^3）；μ 为流束收缩系数，由式A_2/A_0计算得到，其中 A_0 为节流件孔口截面积；$\beta=d/D=\sqrt{A_0/A}$为节流装置直径比，d 为节流件开孔直径，D 为管道内径。

在实际测量过程中，两端压差与取压位置有关，和公式值有差异；由于流体黏性，实际流动都存在损失，不满足假定的理想流体等熵流动条件，因此需要引进系数进行修正。

由此得到实际测量不可压缩流体体积流量的表达式为：

$$q_V=C_dA_0\sqrt{\frac{2(p_1-p_2)}{\rho}} \tag{4-17}$$

式中，C_d 是流出系数，与节流件形式、直径比、取压方式、流动雷诺数及壁面粗糙度等有关，是流量计的重要特征参数，其表达式为：

$$C_d=\frac{\mu\xi}{\sqrt{1-\mu^2\beta^4}} \tag{4-18}$$

式中，ξ 为实际测量修正系数，由于该系数无法测量，通常 C_d 由实验得到。

4.3.3 取压方式

节流流量计的输出信号是节流件前后取出的压差信号，取压孔在节流件不同位置，获得的压力值也不同。所以，对于同一个节流件，不同取压方式，流出系数不同。

目前国际国内通常采用的取压方式有理论取压法、D-D/2 取压法（也称径距取压法）、角接取压法和法兰取压法，最常用的是后面 3 种，各取压方式的取压位置如图 4-6 所示。

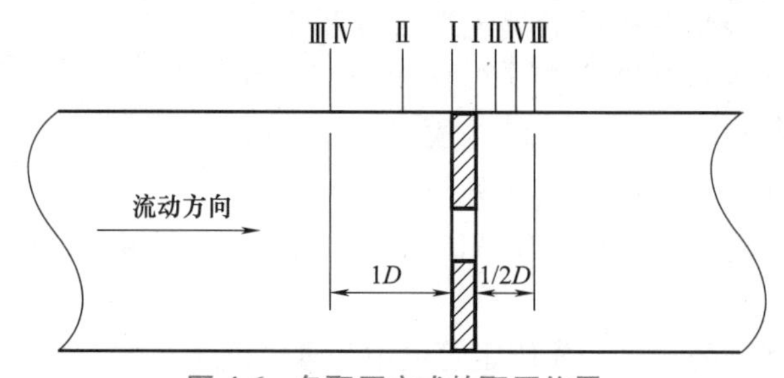

图 4-6　各取压方式的取压位置

（1）理论取压法　该方法上游取压中心位于距节流件前端 $D+0.1D$ 处，下游取压管中心位置因直径比 β 值而异，一般位于流束最小截面处，此方法也称缩流取压法；因推导节流装置能量方程时，用的压力近似为这两个截面上的压力差，所以称为理论取压法。其特点是所取得压差较大，但随着直径比和流量的变化，孔板后流速最小截面位置也会发生变化，给下游取压点的设置带来困难。

（2）*D*-*D*/2 取压法 上游取压管中心位于距节流件前端面 $D\pm0.1D$ 处，下游取压管中心位于距节流件前端面 $D/2\pm0.01D$（对于 $\beta>0.6$）处或 $D/2\pm0.02D$（对于 $\beta\leqslant0.6$），该方法下游取压点是固定的，是一种比较好的取压方式。一般，*D*-*D*/2 取压法获得的压差值较理论取压值稍小。

（3）角接取压法 如图 4-6 所示，该法上下游取压中心位于节流件前后端面处，角接取压法有以下优点：易于采用环式取压，使压力均衡，可提高压差测量精度；沿程压力损失变化对压差测量影响小；当实际雷诺数大于临界雷诺数时，流出系数只与直径比 β 有关。该方法主要缺点是由于前后取压点都位于压力分布曲线陡峭的位置，取压位置稍有偏差，得到的压力值就有较大变化，因而对取压点安装要求严格，安装位置不准确，对压差精度有较大影响。角接取压法得到的压差比理论取压法小，同时，取压管的脏污和堵塞不易清洗。

（4）法兰取压法 如图 4-6 所示，不论管道直径和直径比 β 的大小，上下游取压点中心均位于距离孔板上下游端面 2.54cm 处。该方法在制造和使用上比理论取压法方便，且通用性较大。应用该方法获得的流出系数与直径比 β、雷诺数 *Re* 及管径有关。

国家标准中还规定了实现取压方式的装置，即标准取压装置。按照取压方式标准取压装置分为角接取压装置和法兰取压装置。角接取压装置采用环室或夹紧环取得节流件前后压差，由节流件前后两个环室组成，目的是可以取出节流件前后的均衡压差，提高测量精度。法兰取压装置由两个带取压孔的取压法兰组成。*D*-*D*/2 取压方式在测量管上钻孔实现取压。

4.3.4 标准节流装置管道要求

差压式流量计的测量精度，除与节流件本身的加工精度和取压装置有关外，还与流体流动状态紧密相关。国家标准中给出的流量计流出系数要求在节流件附近管道内流动的流体接近典型的充分发展湍流且无漩涡状态。为了满足该条件，对安装节流装置的管道条件，如管道长度、圆度和内壁粗糙度等提出了严格要求。

1. 管道长度

标准节流装置的直管段是指节流件上下游直管段的一部分或一段管道，包括节流件的夹持环和流动调整器。距节流件上游 *D* 处管道截面处应形成充分发展湍流，如果上游有漩涡或者旋转流等不正常反束分布出现，将引起流出系数变化。该要求是建立在大量实验基础上的，在标准节流装置的制造、安装和使用过程中，对直管段要求应给予重视。

节流装置除了应具备上游 10*D*、下游 4*D* 长的平直测量要求外，还应包括节流件上游第一个局部阻力件与第二个局部阻力件，节流件下游第一个局部阻力件以及第二个局部阻力件之间的管道长度，表 4-3 为孔板喷嘴和文丘里喷嘴最小直管段要求。

表 4-4 中，不带括号的值为零附加不确定度的值，带括号的值为 0.5%附加不确定度值；弯头曲率半径等于 1.5*D*；直管段应从最近的（或唯一）的弯头或三通的弯曲部分下游端测量起，或者从渐缩管或渐扩管的弯曲或圆锥部分下游端测量起。

当直管段长度小于零附加不确定度值时，且大于或等于 0.5%附加不确定度时，应对节流装置的测量不确定度算术相加 0.5%，该情况在系统中只能出现一次。如果节流件上下游实际直管段长度小于表中括号内的数值，或上下游实际直管段长度均在表中括号内外数值之间，则国家标准不能给出附加不确定度的值，需对节流装置进行单独标定。

表 4-3 孔板喷嘴和文丘里喷嘴最小直管段要求（数值为管道内径 D 的倍数）

直径比 β	节流件上游阻流件形式及最小直管段长度							节流件下游直管段
	单个 90°弯头	同一平面两个或多个 90°弯头	不同平面两个或多个 90°弯头	渐缩管（在 1.5D 至 3D 长度内管径由 2D 变为 D）	渐扩管（在 D 至 2D 长度内管径由 0.5D 变为 D）	全孔球阀或闸阀全开	直径≤0.03D 的温度计插套或套管	
0.2	10（6）	14（7）	34（17）	5	16（8）	12（6）	5（3）	4（2）
0.3	10（6）	16（8）	34（17）	5	16（8）	12（6）	5（3）	5（2.5）
0.4	14（7）	18（9）	36（18）	5	16（8）	12（6）	5（3）	6（3）
0.5	14（7）	20（10）	40（20）	6（5）	18（9）	12（6）	5（3）	6（3）
0.6	18（9）	26（13）	48（24）	9（5）	22（11）	14（7）	5（3）	7（3.5）
0.7	28（14）	36（18）	62（31）	14（7）	30（15）	20（10）	5（3）	7（3.5）
0.8	46（23）	50（25）	80（40）	30（15）	54（27）	30（15）	5（3）	8（4）

2. 管道圆度

在所要求的最短直管段长度范围内，管道截面应是圆的。直管段可以是有缝钢管，但要求内部焊缝与管子的轴线平行，并满足节流件对管道的特殊要求。临近节流件的上游至少 2D 长度范围内，管道直径与节流件上游的管道平均直径 D 之差不超过±0.3%，则满足管道是圆筒形的要求。

对距节流件 2D~10D 之间的管道，当任意平面上直径与平均直径之差不超过±0.3%，同时由于不同心和（或）直径变化造成的直径台阶不超过平均直径 0.3%时，流出系数无附加不确定度。对距节流件 10D 之外的管道，如果管道台阶上游管道直径大于下游管道直径，台阶两侧的直径在 0.98D~1.06D，则流出系数无附加不确定度。对同心渐扩管（在 D~2D 长度内由 0.5D 变为 D）安装在孔板上游的情况，当管道与孔板的距离大于“零附加不确定度”的直管段长度和 10D 时，如果两个管段之间的直径台阶不超过 6%，且由于不同心或直径台阶不超过平均直径的 6%时，流出系数无附加不确定度。

3. 管道内壁粗糙度

管道内壁至少在节流件上游 10D 和下游 4D 范围内应清洁，并满足粗糙度要求。孔板、标准喷嘴和文丘里喷嘴上游管道内壁相对粗糙度上限值分别应满足表 4-4、表 4-5、表 4-6，表中 Δ 为管道绝对粗糙度值。

表 4-4 孔板上游管道内壁相对粗糙度上限值（$\times 10^4$）

β	≤0.20	0.32	0.34	0.36	0.38	0.40	0.45	0.50	0.60	0.75
Δ/D	25.0	18.1	12.9	10.0	8.3	7.1	5.6	4.9	4.2	4.0

表 4-5 标准喷嘴上游管道内壁相对粗糙度上限值（$\times 10^4$）

β	≤0.35	0.36	0.38	0.40	0.42	0.44	0.46	0.48	0.50	0.60	0.70	0.77	0.80
Δ/D	25.0	18.6	13.5	10.6	8.7	7.5	6.7	6.1	5.6	4.5	4.4	3.9	3.9

表 4-6　文丘里喷嘴上游管道内壁相对粗糙度上限值（$\times10^4$）

β	≤0.35	0.36	0.38	0.40	0.42	0.44	0.46	0.48	0.50	0.60	0.70	0.76
Δ/D	25.0	18.5	13.5	10.6	8.7	7.5	6.7	6.1	5.6	4.5	4.0	3.9

各管道绝对粗糙度值 Δ 见表 4-7。

表 4-7　各种管道的等效绝对粗糙度值 Δ

材料	状态	Δ/mm
黄铜、钢、铝、塑料、玻璃	光滑、无沉淀的管子	≤0.03
钢	新冷拔无缝钢管	≤0.03
	新热拉无缝钢管	0.05~0.10
	新扎制无缝钢管	0.05~0.10
	新纵缝焊接管	0.05~0.10
	新螺旋焊接管	0.10
	轻微锈蚀钢管	0.10~0.20
	锈蚀钢管	0.20~0.30
	结皮钢管	0.50~2
	严重结皮钢管	≥2
	涂沥青的新钢管	0.03~0.05
	一般的涂沥青钢管	0.10~0.20
	镀锌钢管	0.13
铸铁	新的铸铁管	0.25
	锈蚀铸铁管	1.0~1.5
	结皮铸铁管	≥1.5
	涂沥青新铸铁管	0.1~0.15
石棉水泥	新的，有涂层的和无涂层的	≤0.03
	一般的，无涂层的	0.05

4.3.5　流出系数及压力损失

标准节流件的流出系数是经过大量实验获得的，安装使用时需满足直管段长度和管道条件要求。

标准孔板的流出系数由以下公式确定：

$$C_d=0.5961+0.0261\beta^2-0.216\beta^3+0.000521\left(\frac{10^6\beta}{Re}\right)^{0.7}+$$
$$(0.0188+0.0063A)\beta^{3.5}\left(\frac{10^6}{Re}\right)^{0.3}+(0.043+0.080\,e^{-10l_1/D}-0.123\,e^{-7l_1/D})\tag{4-19}$$
$$(1-0.11A)\frac{\beta^4}{1-\beta^4}-0.031(M_2-0.8M_2^{1.1})\beta^{1.3}$$

当 $D<71.12$mm 时，上式右侧最后还需加下面一项：

$$0.011(0.75-\beta)\left(2.8-\frac{D}{25.4}\right)$$

式中，

$$A=\left(\frac{19000\beta}{Re}\right)^{0.8}$$

$$M_2=\frac{2l_2}{1-\beta}$$

l_1 为孔板上游端面到上游取压口的距离；l_2 为孔板下游端面到上游取压口的距离。

标准喷嘴的流出系数为：

$$C_d=0.9900-0.2262\beta^{4.1}-(0.00175\beta^2-0.0033\beta^{4.15})(10^6/Re)^{1.15} \tag{4-20}$$

标准文丘里喷嘴的流出系数为：

$$C_d=0.9858-0.196\beta^{4.5} \tag{4-21}$$

压力损失是指由于节流件节流作用造成不可恢复的压损 Δp，在其他压力影响可忽略不计时，其为在节流件上游（大约 D 处）测得的静压与静压刚好完全恢复的节流件下游（大约下游 $6D$ 处）所测得的静压之差。

标准孔板压力损失计算公式为：

$$\Delta p=\frac{\sqrt{1-\beta^4(1-C_d^2)}-C_d\beta^2}{\sqrt{1-\beta^4(1-C_d^2)}+C_d\beta^2}(p_1-p_2) \tag{4-22}$$

为计算简便，可近似为：

$$\Delta p=(1-\beta^{1.9})(p_1-p_2) \tag{4-23}$$

由于现场条件较差，如雷诺数低于标准规定范围，管径超出要求，或介质含有杂质等情况时，也可采用非标准节流装置。非标准节流装置的生产是标准化的，但由于非标准节流装置的生产厂家及产品结构形式各异，流出系数公式互不相同，无法形成非标准节流装置统一的技术要求。目前对大多数非标准节流装置，几何尺寸和流出系数的关系，以及流出系数测量的不确定度等需要进一步研究，一般要求通过实流检定得出流出系数。

如在液氢流量测量中多孔板流量计是准确测量流量的有效装置之一。研究结果表明，中心孔直径较大的多孔板比等孔径孔的多孔板更适合于测量液氢，尤其是在穿孔形式与圆管中的湍流速度分布相匹配的情况下。等效节流比是影响液氢汽化的主要因素，板厚度和等效节流比的合理增加有助于改善应用于液氢的多孔板的性能。该流量计具有设计简单，没有活动部件，并且还具有流量平衡更好，湍流更少的优点，死流效应更弱，能量损失更低，从而在低温流体领域，具有广阔的应用前景。

4.4 超声流量计

4.4.1 超声流量计概述

超声流量计作为新兴的流量测量仪表，在近十几年中发展迅速。超声流量计凭借非接触测量、仪表造价基本与被测管道口径大小无关、精度高、量程比宽、安装方便、测试操作简单等优点，备受国内外厂商以及研究者的关注。在许多工业计量领域，如天然气流量计量中，超声流量计已呈现出取代传统流量测量仪表的趋势。

超声流量计属于速度式仪表，它利用声学原理来测定流体流过管道时的流速，发射换能器产生频率为 20~100kHz 的超声波，声波以一定方式穿过流动的流体，再通过接收换能器

转换成电信号，并经信号处理最终反映出流体速度。

超声流量计由超声波换能器、电子线路、流量显示和积算系统 3 部分组成。超声波换能器将电能转换为超声波能量，将其发射并穿过被测流体，接收器接收到超声波信号，经电子线路放大并转换为代表流量的电信号，供显示积算仪显示和积算，这样就实现了流量的检测显示。

（1）超声波换能器　每只超声流量计至少需要一对换能器，即发射换能器和接收换能器，以实现电能与超声波能量之间的转换。发射换能器利用压电材料的压电效应，采用发射电路把电能加到发射换能器的压电元件上，使其产生超声波振动。超声波以某一角度射入流体中传播，然后由接收换能器接收，并经压电元件变为电能，以便检测。

（2）电子线路　将接收换能器接收的超声波信号放大并转换为代表流量的电信号的转换处理装置。

（3）流量显示和积算系统　流量计的输出方式有脉冲输出、模拟量输出和数字通信输出。

根据检测的方式，超声流量计可分为传播速度差法、多普勒法、波束偏移法、噪声法等不同类型的超声流量计。其中噪声法超声流量计原理及结构最简单，便于测量和携带，价格便宜但准确度较低，适于在流量测量准确度要求不高的场合使用。由于直接时差法、时差法、相位差法和频差法的超声流量计基本原理都是通过测量超声波脉冲顺流和逆流传播时速度之差来反映流体的流速的，故又统称为传播速度差法。其中频差法和时差法超声流量计克服了声速随流体温度变化带来的误差，故准确度较高，被广泛采用。

现阶段，在天然气计量中应用最多的就是超声流量计，和孔板流量计、涡轮流量计等传统流量计相比，超声流量计具有测量管径大、测量范围广、不受流体参数的影响、支持双向计量等优势；但是它也存在一系列的不足之处，具体包括传感器的安装、直管段要求都比较严格，检定有一定的难度，交叉干扰很容易影响测量的结果等。

超声流量计具有下列主要特点：

1）解决了大管径、大流量及各类明渠、暗渠测量困难的问题。因为一般流量计随着管径的增大会带来制造和运输上的困难，有不少流量计只适用于圆形管道，而且造价较高，能耗较大，安装不便。这些问题，超声流量计均可避免，提高了流量测量仪表的性价比。

2）对介质几乎无要求。

3）超声流量计的流量测量准确度几乎不受被测流体温度、压力、密度、黏度等参数的影响。

4）超声流量计的测量范围广。

4.4.2　超声流量计测量原理

常用超声流量计测量原理为传播速度差法，该方法精度较好，可降低温度变化引起的误差，常用于气体测量行业。传播速度差法是根据超声波在流动流体中的顺流传播和逆流传播速度差，来得到被测流体流速的。

1. 时差法

时差法是分别测量超声波在顺流方向和逆流方向上传播所用的时间，通过两时间差获得超声波传播路径上的平均速度，然后计算流体的流量。令t_1、t_2分别表示超声波顺流、逆流方向的传播时间，则：

$$c+v=l/t_1$$
$$c-v=l/t_2$$

式中，c 为超声传播速度；v 为管道中流体速度。

由此可得：

$$2v=l\left(\frac{1}{t_1}-\frac{1}{t_2}\right) \tag{4-24}$$

因此顺逆流情况下声波传播时间差 $\Delta t=t_2-t_1$，则上式可表示为：

$$v=\frac{l\Delta t}{2t_1(\Delta t+t_1)} \tag{4-25}$$

由式（4-25）可知流体流速 v 与$\frac{\Delta t}{t_1(\Delta t+t_1)}$成正比，比例系数为 $l/2$，v 不受温度变化的影响，只需将顺流传播时间t_1及 Δt 代入，进行运算即可求得流体流速；当超声波在流体中的传播速度认为是常数时，流体流速就与时间差 Δt 成正比，测得 Δt 可得到流体流速，进而求得流体流量。

2. 相位差法

相位差法是通过测量顺逆传播时由于时差引起的相位差来计算流体流速的。

设超声波发射的信号频率为 ω，信号表达式为：

$$S(t)=A\sin(\omega t+\varphi_0) \tag{4-26}$$

式中，A 为超声波幅值；φ_0 为超声波初始相位角。

假设 $t=0$ 时，$\varphi_0=0$，在顺流方向发射时，收到信号的相位角为$\varphi_1=\omega t_1$，在逆流方向发射时，收到信号的相位角为$\varphi_2=\omega t_2$，则顺流和逆流时收到信号相位差为：

$$\Delta\varphi=\varphi_2-\varphi_1=\omega\Delta t \tag{4-27}$$

$$\Delta t=t_2-t_1=\frac{l(c+v)-l(c-v)}{c^2-v^2}=\frac{2lv}{c^2-v^2} \tag{4-28}$$

得到：

$$\Delta\varphi=\frac{2\omega lv}{c^2-v^2} \tag{4-29}$$

当超声波传播速度远大于流体流速时，$c^2-v^2\approx c^2$，则有：

$$\Delta\varphi\approx\frac{2\omega lv}{c^2} \tag{4-30}$$

或

$$v\approx\frac{2c^2\Delta\varphi}{l\omega} \tag{4-31}$$

上式表明，当流体中超声波速度为常数时，流体流速与声波相位差成正比。

用时差法和相位差法测流量时，如果超声波速度因介质温度、含盐量发生变化而改变时，将引起测量结果的误差。由于无法保证被测介质中超声波传播速度为常数，需要找一种测量方法来减少测量误差，频差法可以解决该问题。

3. 频差法

频差法是测量在顺流和逆流时超声波脉冲的循环频率差以获得流体流速的测量方法。工作原理为：一对超声波换能器 1 和 2，在一定时间间隔内它们交替作为超声波发射器和接收器使用。以顺流为例，超声波换能器 1 向流体发射脉冲，透过流体和管壁，被超声波换能器 2 收到脉冲信号，转换成电信号，经电子线路放大后，又回到超声波换能器 1 并被接收，触发超声波换能器 1 发射下一个脉冲，这样完成一个循环过程。

超声波在一系统中完成一次声循环所需时间的倒数称为声环频率，用 f 表示，显然，声环频率大小与流体流速有关，其表达式在顺流和逆流时不同。用 f_1 表示顺流条件下的声环频率，f_2 表示逆流条件下的声环频率，可以得到频率差 Δf 与流体流速的表达式。具体推导过程为：

$$l=\frac{D}{\cos\theta} \tag{4-32}$$

式中，θ 为超声波线与管道法线的夹角。

设超声波在换能器中的传播时间为 τ_1，在管壁中传播时间为 τ_2，电子线路的延迟时间为 τ_3，以上 3 个时间和为循环延迟时间 τ_0，即：

$$\tau_0=\tau_1+\tau_2+\tau_3 \tag{4-33}$$

顺流时声循环时间为：

$$t_1=\frac{l}{c+v\sin\theta}+\tau_0=\frac{D/\cos\theta}{c+v\sin\theta}+\tau_0 \tag{4-34}$$

逆流时声循环时间为：

$$t_2=\frac{l}{c-v\sin\theta}+\tau_0=\frac{D/\cos\theta}{c-v\sin\theta}+\tau_0 \tag{4-35}$$

顺流和逆流时声循环频率为：

$$f_1=\left(\frac{D/\cos\theta}{c+v\sin\theta}+\tau_0\right)^{-1} \tag{4-36}$$

$$f_2=\left(\frac{D/\cos\theta}{c-v\sin\theta}+\tau_0\right)^{-1} \tag{4-37}$$

频率差为：

$$\Delta f=f_2-f_1\approx\frac{v\sin2\theta}{D}\left(1+\frac{\tau_0 c}{D}\right)^{-2} \tag{4-38}$$

流速和频率差关系为：

$$v=\frac{D}{\sin2\theta}\left(1+\frac{\tau_0 c}{D}\right)^{2}\Delta f \tag{4-39}$$

上式表明，相对于时差法和相位差法，声速对流速的影响要小得多，尤其在 D 较大时，由于 τ_0 很小，式$\tau_0 c/D$ 的值很小，方程可简化为：

$$v=\frac{D}{\sin2\theta}\Delta f \tag{4-40}$$

该式可直接得到频率差和流速变化的关系。

4.4.3　声道布置方式

超声流量计根据声道布置形式可以分为单声道超声流量计和多声道超声流量计。

单声道超声流量计是在被测管道或渠道上安装一对换能器构成一个超声波通道，应用比较多的换能器是外夹式、插入式和管段式。通过反射镜的应用，单声道超声流量计声道布置越来越复杂，测量精度也随之提高。

如图 4-7a 所示，常用的声道布置方式有直接透视法（简称 Z 型），Z 型安装通常适用于输水管道比较粗、水介质中有悬浮物不洁净或是管道内壁结垢太厚而使信号失真不灵敏，机器无法正常工作的情况。可测管径范围一般在 100~600mm 左右。建议管径在 300mm 以上的输水管道选用 Z 型安装，该法更有利于信号输出和检测结果。Z 型安装时除了需注意上下游两传感器与输水管道轴线在同一平面内，还要保证上游传感器在低位、下游传感器（探头）在高位。这种安装方式的优势是超声波在管道中可以直接传输，没有反射，信号损耗小。当流动方向与管道中心线不平行或存在沿半径方向流动速度 v 时，在超声波传播方向会产生 $v\sin\theta$ 的速度分量，分量将造成流量测量误差，可采用反射法（V 型，图 4-7b），即在两段传播路径中将速度分量 $v\sin\theta$ 抵消，避免该原因引起的误差。V 型安装是超声流量计很常见且标准的安装方法，可测管径范围为 25~400mm。安装时要注意将上下两端传感器水平对齐，使其中心连线与输水管道轴线水平一致，此法优点是使用方便、测量准确。N 型（图 4-7c）安装的特点是通过延长超声波传输距离来提高测量精度。安装时，超声波束能够在管道中反射两次，穿过流体 3 次，可有效增加测量长度，提高测量精度，因此更适于测量小管径管道。U 型（图 4-7d）声道将两片超声波反射片置于管道内部，反射片与管道轴成 45°夹角，超声波信号从第一个换能器发射出来后分别经过两块反射片反射作用，到达第二个换能器，从而完成一次测量。U 型声道布置能有效消除壁面影响，具有超声信号方向性好、衰减小、计算方便等优势，但因为反射装置等阻流件置于管道内部，对流动造成干扰，使测量管段流体流动特性变得复杂，从而影响测量精度。

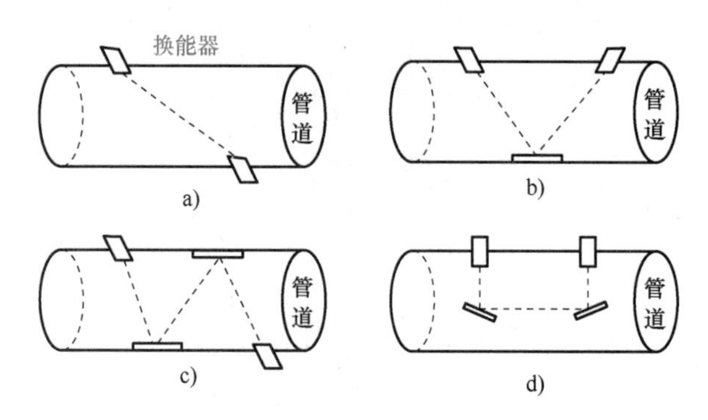

图 4-7　单声道超声流量计不同声道布置方式

a）Z 型　b）V 型　c）N 型　d）U 型

单声道超声流量计结构简单、使用方便、价格较为便宜，但这种流量计对流态分布变化适应性差，测量精度不易控制，一般用于中小口径管道和对测量精度要求不高的渠道。

多声道超声流量计是在被测管道或渠道上安装多对超声波换能器构成多个超声波通道，采用数值积分的方法如高斯积分法、辛普森公式和梯形公式等提高流量修正系数精度，综合各声道测量结果求出流量。目前，最多已有八声道的超声流量计。与单声道超声流量计相比，多声道流量计对流态分布变化适应能力强，不受流体分层影响，测量精度高，可用于大口径管道和流态分布复杂的管渠。

4.4.4　传感器及信号处理技术

在超声流量计中，超声传感器（换能器）经过电压等的激励而发射出超声波，同时又

可以将接收到的超声波通过压电效应转化为电压，有着极其重要的作用，这种传感器的主要特性参数是工作频率，其范围一般为 25～250kHz。在具体选择时，需要考虑以下关系：频率高时，指向性好，波长短，超声波容易被障碍物散射，有利于提高流体中回波信号的探测能力，所以频率高时，分辨力高，但衰减越大，穿透能力不强；频率低时，分辨力弱，但衰减小。因此频率上限一般应由衰减和回波的大小来决定，而下限则由探测灵敏度、脉冲宽度及指向性决定。

自 20 世纪 50 年代以后，在材料科学等快速发展的条件下，超声波换能器性能越来越强大。对超声波换能器的选择要考虑的因素有换能器的工作频率、灵敏度、带载驱动电压、适应的环境压力与环境温度以及输入输出的阻抗匹配等。其中输入、输出的阻抗匹配决定着一个换能器工作效率的高低，是超声波换能器选择时首要考虑的因素。根据交流理论，当输入阻抗与输出阻抗相同的时候，负载可以得到最大的功率，因此需要对换能器进行阻抗匹配来使得负载阻抗接近或等同输入阻抗。目前常用的阻抗匹配方式有 5 种：串联电感匹配、并联电感匹配、串联电容匹配、并联电容匹配以及 LC 阻抗匹配。

流量检测过程的超声波声程短、传播时间很小，因此要提高仪表测量精度就必须精确采集时间信号。

按测量原理的不同，时间测量方法主要有模拟与数字两种实现方法。以前的时间测量技术主要以模拟的方法为主，此方法是通过模/数转换进行时间测量的，常见的有模拟法和时间幅度转换法。数字方法则不需要模/数转换过程，直接把时间转换成数字，常见的有游标法和延迟线法。

按有无插值过程，时间测量方法大致可以分为两类：①无插值过程的，此方法可以直接将时间量转换为数字量，但是不能兼顾精度和量程；②有插值过程的，也叫插值法，此方法需要一个粗值计数器和内插单元配合进行时间的测量，能同时满足大量程和高分辨率的要求，是目前运用最为广泛的方法。所有这些测量方法的划分不是绝对的，实际应用中，这些时间测量方法通常是两种或者两种以上方法的结合使用。

模拟内插法理论上可以很好地消除由量化引起的原理误差，但测量过程耗时较长，充放电过程中出现非线性误差，且容易受电子噪声和环境温度的影响。游标内插法分辨率主要取决于两个量化时钟，两个量化时钟频率越接近，时间分辨率就越高，因此需要提供时钟频率比较接近的量化时钟。与此同时，当两个量化时钟稳定度不够高时，量化时钟的周期抖动可能大于系统的分辨率，导致测量系统的测量失效，因此游标内插法的测量精度还取决于量化时钟的稳定度，该方法获得两个高稳定度的时钟相当困难。模拟内插法和游标内插法都达到了皮秒量级的测量分辨率，但这两种方法的制作工艺比较复杂，造价成本昂贵，在实际应用中比较少。延迟线内插法是目前运用最广的，因其实现比较简单，可以利用集成技术集成在芯片内部，而且随着半导体技术和集成电路的发展，成本相对低，精度也得到了很大的提高。

针对气体流量测量，由于气体超声波换能器被激发后的超声波振幅只有几毫伏或者几十毫伏，且超声波信号在气体中的衰减也非常严重，因此对信号进行放大、滤波、整形等处理的要求较高。电路中信号处理的抗干扰能力要强、信噪比要高，如此才可在最后的测量中得到稳定的信号。同时对超声波换能器工作频率的选择要考虑诸多因素，就信号衰减的问题来说，当被测管径较小时可以适当选用较高工作频率的超声波换能器，反之则用低频换能器。

理想状态下，当流量计在某一固定的流量点时，其时间差应该为一个恒定值，但是实际的测试结果却并非如此，而是在复杂的工业现场环境噪声的干扰和各种随机因素固定流量点下，时间差值在一个范围内来回波动，使测量结果准确度下降，所以必须对现场采集的时间差信号进行适当处理。超声流量计接收信号的处理方法可以划分为时域分析和频域分析两个范畴：在时域上，有算术平均滤波、中值滤波、滑动平均滤波、加权滑动平均滤波等处理方法；在频域上，有基于傅里叶变换的降噪方法和小波阈值降噪方法等。具体采用哪一种方法取决于行程时间与超声脉冲周期的关系或声道长度与声波波长的关系。

4.4.5 超声流量计安装效应

安装效应是指超声波换能器的安装方式会对气体超声流量计的检测精度带来影响，安装方式具体包括换能器安装位置、安装角度、声道设计等。流量检测的流场适应性问题则是指由于声道布置、管道走向、单弯管、双弯管，以及其他的管道过渡方式、调节装置流量调节阀、压力调节阀以及节流器等导致流场出现非理想化分布从而引发流量计量出现偏差的现象。几乎所有的气体超声流量计在流量检测中都存在流场适应性问题。

单声道超声流量计可以利用声道优化设计有效地适应流场变化从而提高检测精度。另外超声波换能器的入射角对信号发射、接收也有着重要的作用，实践证明换能器安装方式的优劣、气体超声流量计对流场环境适应性的好坏都会直接左右流量检测精度。

由于单声道布置在流场非理想情况下测量误差较大，再加上早期对管道流场的变化缺乏经验和足够的认知，因此多声道的布置方案开始出现并逐渐取代精度较低的单声道布置方案。事实证明，多声道布置不但能提升计量精度，还可以非常有效地提高流量计抵抗流场干扰的能力。

研究表明多声道气体超声流量计通过声道的优化设计能够有效地降低流量计对流场波动的敏感程度，从而补偿换能器安装、流场变化对测量带来的影响。相比单声道气体超声流量计，多声道的设计方案无论在设计、安装，还是在检测、校验中都会不可避免地增加成本，加大设计和加工的难度。超声流量计安装时对上、下游直管段长度要求见表 4-8。

表 4-8 超声流量计安装时对上、下游直管段长度要求

<table>
<tr><th rowspan="2">上游阻流形式</th><th colspan="2">上游直管段长度要求</th><th rowspan="2">下游直管段长度要求</th></tr>
<tr><th>单声道测量</th><th>双声道测量</th></tr>
<tr><td>泵的下游</td><td>50DN</td><td>15DN</td><td rowspan="6">5DN</td></tr>
<tr><td>全开控制阀</td><td>50DN</td><td>10D</td></tr>
<tr><td>两个不同平面（空间）90°弯头</td><td>40DN</td><td>10DN</td></tr>
<tr><td>两个同平面 90°弯头</td><td>25DN</td><td>10DN</td></tr>
<tr><td>一个 90°弯头或三通</td><td>20DN</td><td>10DN</td></tr>
<tr><td>收缩角<7°的收缩管</td><td>15DN</td><td></td></tr>
</table>

简答题

1. 给出氢脆的解决方案。
2. 液氢深冷低温存储技术有哪些?
3. 与普通介质比，氢流量检测有哪些困难?

4. 现有流量计中，哪些适用于氢流量检测？
5. 描述涡轮流量计、超声流量计和差压流量计的优缺点。
6. 涡轮流量计的测量原理是什么？
7. 描述涡轮流量计测量时安装注意事项。
8. 描述节流式流量计的测量原理。
9. 节流式流量计取压要注意什么？
10. 超声流量计有哪些优势？
11. 为什么要采用多声道超声流量计？
12. 超声流量计测量时要注意哪些问题？

“两弹一星”功勋科学家：王大珩

敬始慎终——王大珩

第 5 章 氢质量流量测试技术

5.1 科里奥利质量流量计

科里奥利质量流量计是一种利用科里奥利力实现直接式质量流量测量的仪表。当流体流过振动管时，其产生的科里奥利力与流体质量流量成正比，因此通过测量科里奥利力的大小即可反推质量流量。然而，虽然利用科里奥利力测量流体质量流量的概念于 20 世纪中叶已提出，但由于一直没能解决如何测量旋转系中流体力的难题，科里奥利质量流量计在很长一段时期未能真正进入实用阶段。直到 20 世纪 70 年代美国发明了基于振动方法的、结构简单的、将两种运动巧妙地结合起来的振动管式质量流量计，才使得科里奥利质量流量计的设计走出困境，并于近 20 年中得到了很快的发展，成为现代工业生产中流量测量、交易结算的一种主要高精度流量仪表。

5.1.1 科里奥利质量流量计的基本工作原理

当一个位于旋转系内的质点做朝向或者离开旋转中心的运动时，将受到惯性力作用。如图 5-1 所示，当质量为 δ_m 的质点在一个围绕旋转轴 P 以角速度 ω 旋转的管道内以匀速向 v 轴移动时，该质点将获得两个加速度分量：

1）法向加速度$\boldsymbol{a}_n=\boldsymbol{\omega}^2\cdot\boldsymbol{r}$，其模大小等于 $\omega^2 r$，方向由质心指向 P 轴。

2）切向加速度$\boldsymbol{a}_t=2\boldsymbol{\omega}\times\boldsymbol{v}$，该加速度也称为科里奥利加速度，当 P 轴与 v 轴垂直时，其模大小等于 $2\omega v$，方向与 $\boldsymbol{a}_n$垂直，如图 5-1 所示。

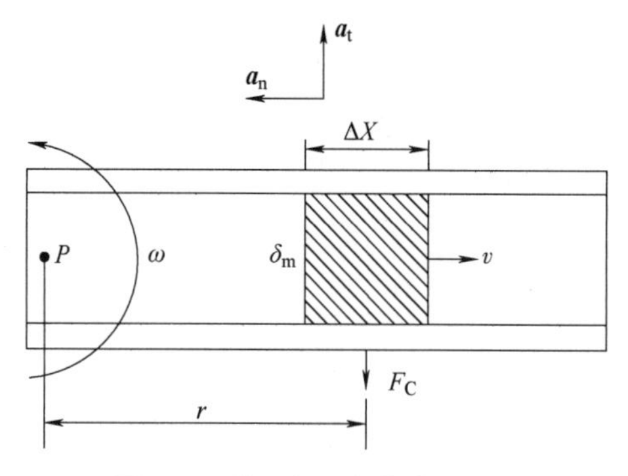

图 5-1　科里奥利力的产生原理

质点的科里奥利加速度 $\boldsymbol{a}_t$来源于管道壁面对质点的作用力，而其反作用力即为流体施加在管道上的科里奥利力 F_C，根据牛顿第一定律与第三定律，科里奥利力 F_C 可由式（5-1）

表示，其方向与 $\boldsymbol{a}_t$ 相反。

$$F_C = 2\omega v\delta_m \tag{5-1}$$

当密度为 ρ 的流体以恒定流速 u 沿图 5-1 所示的旋转管流动时，任一段长度为 ΔX 的管道都将受到一个大小为 ΔF_C 的科里奥利力，如式（5-2）所示：

$$\Delta F_C = 2\omega v\rho A\Delta X \tag{5-2}$$

式中，A 为管道内截面积。

由于质量流量 $q_m = \rho vA$，式（5-2）可改写为式（5-3）：

$$\Delta F_C = 2\omega q_m \Delta X \tag{5-3}$$

由式（5-3）可得，只要能直接或者间接地测量出在旋转管道中流动的流体作用于管道的科里奥利力，就可以测得流体通过管道的质量流量，如式（5-4）所示：

$$q_m = \frac{\Delta F_C}{2\omega\Delta X} \tag{5-4}$$

5.1.2　振动管式科里奥利质量流量计的工作原理

在旋转管道中通过测量流体作用于管道的科里奥利力即可计算出流体的质量流量，然而在工业应用中要使管道围绕旋转轴匀速旋转显然是不切合实际的，这也是早期的科里奥利质量流量计始终未能走出实验室的根本原因。针对此情况，高准（Micro-Motion）公司率先提出振动管式科里奥利质量流量计，利用围绕旋转轴的振动进行测量，从根本上解决了科里奥利质量流量计的结构问题。该原理已被广泛应用于现代的科里奥利质量流量计中。

目前，各种振动管式科里奥利质量流量计中，U 型管科里奥利质量流量计应用最为广泛。U 型管科里奥利质量流量计的基本结构如图 5-2 所示。主体上的传感器 A 和传感器 B 通过法兰与管道连接，安装在 U 型管的两个直管管端处，用于对不同介质流量下振动信号的检测；而表头部分的变送器带有微处理器功能，主要用于传感器驱动，以及对传感器传来的信号进行转换输出，最终传送到控制系统。科里奥利质量流量计的流量管中设置有温度电极，用于测量流体介质的温度。流量计的测量管是由两根平行的 U 型管组成，流体介质从 U 型管的一端流入，从 U 型管的另一端流出。电磁激振装置安装在 U 型管顶端，由永久磁铁与激振线圈组成，用于驱动 U 型管，使 U 型管按固有频率垂直于管道振动。

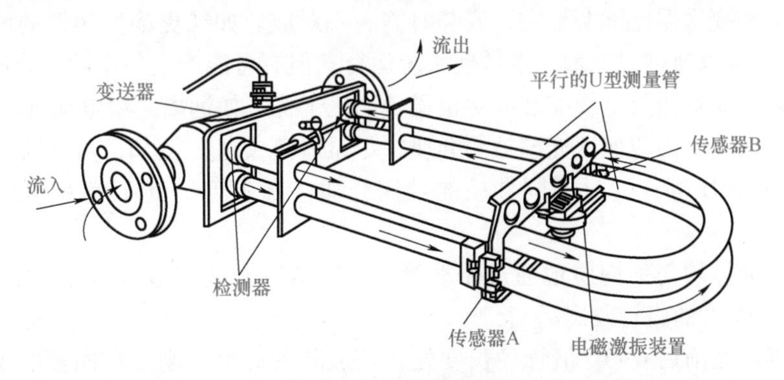

图 5-2　U 型管科里奥利质量流量计的基本结构

当 U 型管在电磁激振装置作用下振动时，传感器检测 U 型管管端的振动情况。传感器测量出两个 U 型振动管之间存在的振动相位差后，由变送器对测量信号进行转换，进一步得到流经传感器的流体介质的质量流量，从而达到质量流量计量的目的。

5.1.3 科里奥利质量流量计的优势

由于科里奥利质量流量计是一种直接式质量流量计，因而具有许多其他流量计无可比拟的优点：

1）实现了真正的、高精度的直接质量流量测量。精度一般可达 0.1%~0.2%，并具有良好的重复性。

2）可以测量多种介质，如油品、化工介质、造纸黑液、浆体及天然气等。

3）流体的介质密度、黏度、温度、压力、电导率、流速分布等特性对测量结果影响较小。

4）无可动部件，流量管内无障碍物，便于维护。

5.1.4 科里奥利质量流量计的选型与安装

科里奥利质量流量计的选型主要考虑其性能和可靠性。其性能包括准确度、量程利用率、压力损失和量程能力等指标，而可靠性则需要通过实践检验。准确度主要包括偏差、重复性、线性和回滞，它有 3 种描述方式：流量百分比准确度、满量程准确度和带零点稳定度的准确度。其中带零点稳定度表示流量计测量实际零流量的能力，更能体现科里奥利质量流量计在整个流量范围内的准确性。

选型工作中比较重要的环节是根据操作条件和流量计的最大流量，预选出传感器的规格（公称管径），从而计算出压力损失。虽然不符合实际的高流量会引起较大的压力损失，但由于此时传感器的灵敏度高，因此测量得到的准确度较好。相反，低流量会使压力损失较低，传感器的灵敏度较低，准确度较差。所以，选择的时候要综合考虑，在尽可能低的压力损失下得到高的流量灵敏度和准确度。

另外还需考虑量程利用率（即额定流量与瞬时流量的比值），一般可通过厂家给出的科里奥利质量流量计在各种流速下的量程利用率、压力损失和准确度曲线来判断其在给定应用中的性能。

从质量流量计的工作原理可知，流量计的安装有以下要求：

1）传感器和变送器已配套标定，安装时需一一对应。如果更换变送器的同时没有重新配套标定，虽然可以通过组态输入参数使系统运行，但有可能产生一定的系统误差。

2）传感器、变送器及电缆安装应尽量避免电磁干扰，如远离大型电动机、继电器等。

3）传感器振动管内应保证充满被测介质，尽量避免夹气。例如，可在流量计前安装消气器，提高出口背压等；针对不同性质的被测介质，有 T 型、倒 T 型及旗式等多种安装方式。

4）为保证流体均匀、均质地通过振动管，传感器应安装在节流装置、阻流元件之前，或是安装在一定长度的直管段之后。

5）传感器法兰前后 6~10 倍管径长度处必须加装具有足够刚度和质量的支撑件，且支撑件必须与管线可靠固定，避免管道振动干扰振动管振动，引起测量误差。

6）安装时传感器与管道要同轴对准，无论轴向还是径向，均应尽量做到无应力安装。

综上所述，科里奥利质量流量计作为一种新型的流量测量仪表，可测量流体的种类十分广泛，包括高黏度的各种液体、含有固形物的浆液、含有微量气体的液体、有足够密度的中高压气体。由于科里奥利质量流量计可以直接测量质量流量，且其测量精度仅与传感器左右检测时间差信号有关，因此在高压氢气分配等领域得到了广泛应用，但其使用环境振动不能太大，且要正确地设计选型及安装。

5.2 热式质量流量计

热式质量流量计是一种利用加热流体的热量（或温度）变化来测量流体质量流量的流量仪表。早期的直接接触式热式质量流量计（例如托马斯质量流量计）将加热线圈和测温元件放入流体中与流体直接接触，但由于无法解决腐蚀、磨损和防爆等问题，此类流量计在工业应用方面受到较大限制。到了 20 世纪 50 年代，为了克服接触式流量计的缺点，一种与流体不接触的边界层流量计得以提出，但其测量结果易受介质参数（如热导率、比热容、黏度等）的影响；直到 20 世纪 70 年代，基于测量流体温度分布的热分布型热式质量流量计凭借其独特的优点在国内外得到飞速发展，其不仅可用于较大液体流量的测量，也可用于微小气体流量的测量。现代的热式质量流量计无须温度和压力补偿就能精准地检测管道中流动的流体流量，目前已广泛应用于石油、化工、计量等各个领域。

5.2.1 热式质量流量计的常见结构及工作原理

热式质量流量计是一种利用传热原理检测流量的仪表，当流体流过外热源加热的管道时，通过温度场变化或温度上升至某一值所需的能量可以计算得到流体的质量流量。

热式质量流量计按结构原理的不同主要可以分成以下几种：

1）直接接触式热式质量流量计。它是将加热线圈和测温元件放入流体中与流体直接接触的质量流量计，主要用于测量气体质量流量。

2）浸入型热式质量流量计。加热器和温度探头都浸入被测流体中，用不锈钢套管保护的加热元件和测温元件不与流体接触，主要用来测量较大管径的气体流量。

3）边界层型热式质量流量计。利用流体边界层的传热来测量流量，避免对全部介质加热，具有较快的反应速度，主要用于测量较大管径的液体质量流量。

4）热分布型热式质量流量计。它是基于管道中流体流动来转移热量从而改变前后管壁温度分布原理而工作的质量流量计，主要用于测量极微小流速的气体质量流量。

1. 直接接触式热式质量流量计

托马斯流量计是一种最具代表性的直接接触式流量计，其原理是气体的放热量或吸热量与该气体的质量成正比。早在 20 世纪初，美国托马斯设计了如下测量方案和仪表：在气体管路中放入电加热丝，在加热丝上下游对称位置设置两个电阻温度计 R_1 和 R_2 来测量上下游温差 ΔT，如图 5-3 所示。

设被测气体的比定压热容为 c_p，质量流量为 q_m。当 $q_m=0$ 时，由于沿管道轴向的温度场分布对称于热源，使得 $\Delta T=0$；随着 q_m 增加，温度场的对称性被破坏，上游温度逐渐低于下游温度，温差 ΔT 也随之增加；当 q_m 趋近于无穷时，由于上下游温度计接触到的几乎都是未加热流体，ΔT 也将趋近于零。温差与质量流量 q_m 之间的关系可以用图 5-4 来表示。由图 5-4 可知，当 $q_m<q_{m1}$ 时，q_m 与 ΔT 基本保持为线性关系，因此当测量出上、下游之间的温度差时，就可得到被测气体的质量流量。

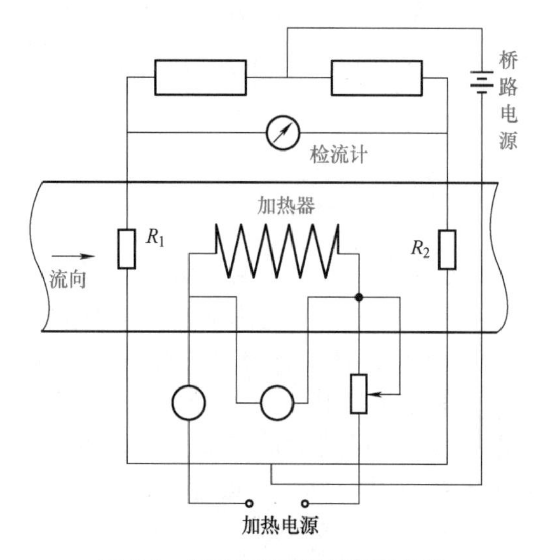

图 5-3　托马斯流量计的原理示意

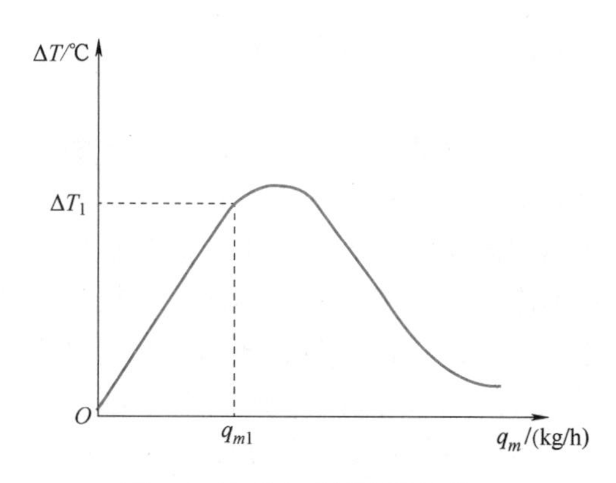

图 5-4　温差和质量流量的关系

2. 浸入型热式质量流量计

由于托马斯流量计的加热线圈和测温元件与流体直接接触，无可避免地会产生元件被腐蚀、磨损等问题，因此，一种基于热式接触式流量计的浸入型热式质量流量计得以提出。浸入型热式质量流量计采用不锈钢套管对加热元件和测温元件进行保护，防止元件与流体直接接触，解决了直接接触式热式质量流量计在结构上的缺陷，其基本结构如图 5-5a 所示。两个探头均浸入被测流体中，一个速度探头检测质量流速 v，一个温度探头检测气体温度 T 并自动对温度的变化进行修正。现代工业选用的浸入型热式质量流量计探头是由铂丝（专用于制作标准级铂电阻温度探头）绕在一陶瓷芯棒上，再插入一坚固的不锈钢套管（或温度计套管）中所组成的。速度探头 R_v 的电阻比温度探头 R_T 的电阻低得多，并由电子设备供电线路产生热量，如图 5-5b 所示。

浸入型热式质量流量计传感器的工作原理基于热力学第一定律，即电子设备提供给速度探头的电功率（E_v^2/R_v）应等于流动的气体对流换热所带走的热量，如式（5-5）所示：

$$\frac{E_v^2}{R_v}=hA_s(T_v-T) \tag{5-5}$$

式中，h 为表面传热系数；A_s 为圆柱形探头表面积；T_v 为速度探头的温度；T 为温度探头测得的气体温度。

参与速度探头周围热边界层换热的是流动气体的分子（即质量），因此，浸入型热式质量流量计传感器检测到的是流体的质量流量。由传热理论可知，乘积（hA_s）常由式（5-6）表示：

$$hA_s=\alpha_1+\alpha_2(v)^m \tag{5-6}$$

式中，α_1、α_2 和 m 为常数，取决于被测气体的传热系数、黏度和热容量等特性。

结合式（5-5）和式（5-6）可得气体质量流速，如式（5-7）所示：

$$v=\left[\frac{1}{\alpha_2}\left(\frac{E_v^2-R_v}{T_v-T}\right)-\frac{\alpha_1}{\alpha_2}\right]^{\frac{1}{m}} \tag{5-7}$$

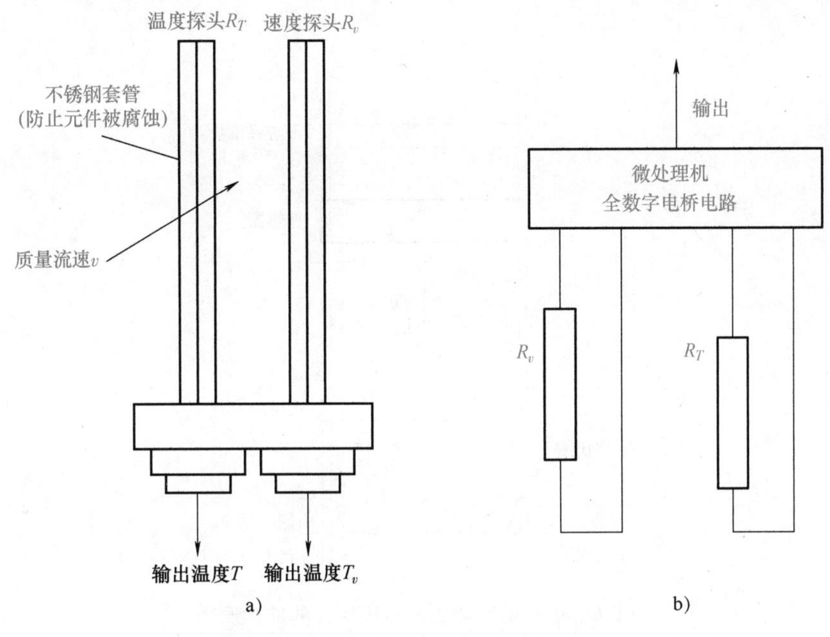

图 5-5　浸入型热式质量流量计工作原理

a）基本结构　b）电子设备供电线路

由式（5-7）可知，可通过等温与等功率两种方式实现气体质量流速测量。对于等温型热式质量流量计来说，保持温差（T_v-T）为常数，通过测量（$E_v^2-R_v$）来测量质量流速 v；对于等功率型热式质量流量计来说，保持电功率（$E_v^2-R_v$）为常数，通过测量温差（T_v-T）来测量质量流速 v。等温型热式质量流量计相对于等功率型热式质量流量计对流速变化的响应速度更快。

3. 边界层型热式质量流量计

为了克服浸入型热式质量流量计在测量过程中压力损失大的缺点，一种与流体不接触的边界层型热式质量流量计在 20 世纪 50 年代得以提出。边界层型热式质量流量计的结构原理如图 5-6 所示，在测量管的外侧缠绕电加热线圈，同时在电加热线圈两侧安装两个温度计，使测量管夹在温度计中间。当电加热线圈通电加热时，加热器会通过管壁、边界层将热量传递到管内流体。不论管内流动是层流还是湍流，在管壁附近都存在一层流动边界层。边界层内的热传递可视为纯导热方式，即当流体流动时，由于管道材料的导热性能较好，管道中心的流动部分温度几乎一样，因此管壁外部与管道中心的温度差 ΔT 几乎完全发生在边界层内。其温度分布如图 5-6 下半部分所示，实线为湍流情况下的分布，虚线为层流情况下的分布。

设边界层的传热系数为 h，电加热线圈的有效传热面积为 A，则单位时间内传递给流体的热量如式（5-8）所示：

$$Q=A\Delta Th \tag{5-8}$$

边界层的传热系数 h 是质量流量的函数，根据雷诺（Reynolds）、努塞特（Nusselt）、普朗特（Prandtl）等人的研究结果，当流体为湍流流动时，传递给流体的热量 Q 与质量流量 q_m 的关系如式（5-9）所示：

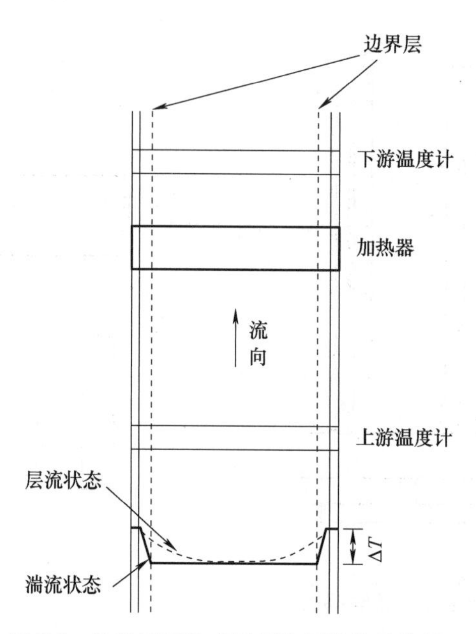

图 5-6　边界层型热式质量流量计的结构原理

$$Q=C_1\Delta T\frac{k^{0.6}c_p^{0.4}}{D^{0.2}\eta^{0.4}}q_m^{0.8} \tag{5-9}$$

当流体为层流流动时，传递给流体的热量 Q 与质量流量 q_m 的关系如式（5-10）所示：

$$Q=C_2\Delta T\frac{k^{2/3}c_p^{1/3}}{(DL)^{1/3}}q_m^{1/3} \tag{5-10}$$

式中，k 为流体的传热系数；c_p 为流体比定压热容；η 为黏度；D 为管径；L 为加热面长度；C_1 和 C_2 为常数。

应注意，采用该方法进行流量测量时，需先测得边界层内外的温差 ΔT。由于边界层非常薄，且其厚度随流体性质和流动状态而改变，因此不能把温度计固定在管道内部，并且将温度计放入管道内部可能会对流动造成影响。为此，边界层型热式质量流量计的温差测量应在管道外部进行。为了尽量避免加热器对流体温度的影响，在远离电加热线圈的上游安装温度计，测得的温度可以认为是边界层内侧的流体温度，而在电加热线圈下游不远处安装温度计可以测得加热流体的边界层外侧温度。利用这两个测温电阻组合起来构成的测温电桥可以测量出温差 ΔT。

在边界层型热式质量流量计的使用中，一般通过控制加热器提供的热量 Q 来保持温差 ΔT 为一常数，而由热量 Q 的大小可以求出质量流量 q_m。然而边界层型热式质量流量计存在如下问题：即保持管内流动边界层内外温差 ΔT 为常数时，质量流量 q_m 与热量 Q 之间的关系直接受流体的热导率、比热容、黏度等参数的影响。当流体温度或组成发生变化时，流体的这些参数也将随之改变，并且直接对测量造成误差。当流体是气体时，普朗特数几乎不受流体组成变化的影响，因此由组成变化而导致的误差可以忽略不计。当流体是液体时，流体组成变化对测量造成的影响与流动状态有关，此时便不能忽略组成变化造成的误差。例如，当流体湍流流动时，由式（5-9）可知，由于 Q 与 $c_p^{0.4}$ 成正比，则 c_p 变化 5%将会造成流量 2%的测量误差，但若 c_p 与 η 的变化可相互抵消时，则流量测量的整体误差可以消除。一般热导

率受流体组成变化的影响较小。

4. 热分布型热式质量流量计

由于边界层型热式质量流量计在测量过程中容易受到流体物理性质等参数的影响，一种基于测量流体温度分布的热分布型热式质量流量计得以提出。热分布型热式质量流量计作为一种非接触式的流量仪表，主要用于微小气体质量流量的测量和控制，其结构原理如图 5-7 所示。

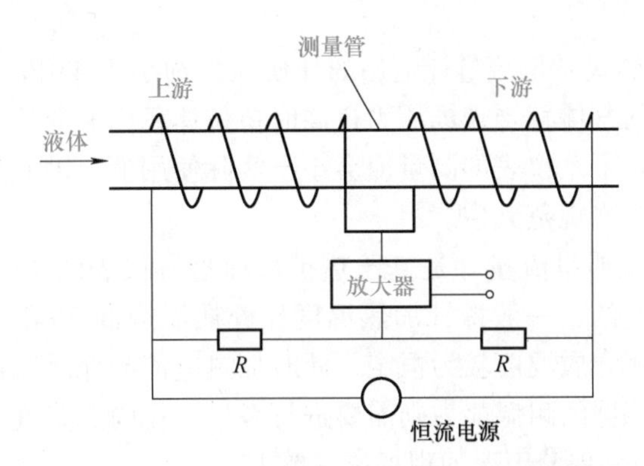

图 5-7　热分布型热式质量流量计结构原理

当受到热源加热的管道有液体流过时，流体会改变管道的原有温度场，由此可以测量出流体的质量流量，如式（5-11）所示：

$$q_m = C_1 \frac{\lambda}{c_p} \Delta T \tag{5-11}$$

式中，c_p 为被测气体的比定压热容；λ 为测量管绕组与周围环境热交换系统之间的热传导系数，C_1 为仪表常数。

由式（5-11）可得，相较于边界层型热式质量流量计，热分布型热式质量流量计不易受到流体的热导率、比热容、黏度等参数的影响，从而测得的质量流量更加精确。

对于热分布型热式质量流量计，被测介质若沉积在管壁处，其产生的污垢层会影响测量值的准确性，因此必须定期清洗管道。

5.2.2　热式质量流量计的优势

热式质量流量计的优势如下：

1）宽量程比，可测量流速高至 100Nm/s 和低至 0.5Nm/s 的气体（N 代表标准大气压）。

2）抗振性能良好，使用寿命长，传感器无活动部件和压力传感部件，几乎不受振动对测量精度的影响。

3）安装维修简便，在条件允许的情况下，可以实现不停产安装和维护。

5.2.3　热式质量流量计的选型与安装

热式质量流量计是优点较多、形式多样的气体测量仪表，现场管道为大口径时可选择插入式气体质量流量计，后续检修与拆装便于维护，供电方式有 24V 和 220V 可供选择，地面管道就地表头显示，高空管道分体表头显示。值得注意的是，并非所有场合都适用热式质量流量计，因此在选择流量计前需要确认现场的一些技术参数（例如介质、压力、温度等）

是否适用热式质量流量计。

（1）介质　热式气体质量流量计是用于测量气体质量流量的仪表，几乎可以测量所有的单一气体介质（乙炔除外）。由于所有的气体流量仪表标定均用空气来作为被测量介质，根据相关参数表格即可查得单一气体介质所对应的标准转换系数。而混合型气体需要根据现场被测介质的成分百分比来换算系数，当测量时介质成分发生变化，流量计的测量误差将会增大。因此，在测量现场，一般需要对混合气体进行成分测量；在选型时，测量介质种类也应当详细标定在内。

（2）压力　大多数热式质量流量计适用的介质压力约小于 4MPa。由于热式质量流量计的介质一般是含热量高的气体，当现场压力过高时单位体积内的介质携热量过大，在压缩系统与反应速率的两种影响下，仪表的测量值会小于实际使用值。因此热式气体质量流量计在选型阶段现场的压力也应当规范到位。

（3）温度　由于热式质量流量计是基于热扩散原理，仪表的探针是根据被测量介质的温度来决定探针加热温度的，一般探针加热温度比介质温度高 50℃。由此可以看出，流量计在正常测量时要求被测介质温度较为恒定，此时加热电流与介质流量成比例关系；而在测量高温介质时，仪表传感器的耐温能力则需要进行考量。目前热式气体质量流量计的耐高温可达 400℃，能够满足绝大部分工况的现场技术要求。

从热式质量流量计的工作原理可知，在安装时需要注意以下事项：

1）安装位置应尽可能远离能引起管道机械振动的干扰源，如工艺管线上的泵等。如果传感器在同一管线上串联使用，应特别防止由于共振而产生的相互影响，传感器间的距离至少大于传感器外形尺寸宽度的 3 倍。

2）传感器的安装位置应注意工艺管线由于温度变化引起的伸缩和变形，禁止安装在工艺管线的膨胀节附近，否则管道伸缩时会造成横向应力，使得传感器零点发生变化，影响测量准确度。除此之外，传感器的安装位置还应远离工业电磁干扰源，如大功率电动机、变压器等，否则传感器中测量管的自谐振动会受到干扰，速度传感器检测出来的微弱信号有可能被淹没在电磁干扰的噪声中。传感器还应远离变压器、电动机至少 5m 以上的距离。

热式质量流量计是通过因流体流动而造成的热量（温度）变化来反映出流体质量流量的。它根据热源及测温方式的不同分为接触式和非接触式两种。接触式热式质量流量计在测量高流速、有腐蚀性的流体时不宜选用，而非接触式热式质量流量计的加热及测温元件都置于流体管道外，与被测流体不直接接触，克服了接触式的缺点。热式质量流量计凭借其压损低、高精度、高重复性和高可靠性等优点可用于极低气体流量的监测和控制等。

5.3 差压式质量流量计

差压式质量流量计是以马格努斯效应为基础的流量计，实际应用中可利用孔板和定量泵组合实现质量流量测量。常见的差压式质量流量计有双孔板和四孔板与定量泵组合的两种结构。

5.3.1 差压式质量流量计的基本工作原理

双孔板结构形式的差压式质量流量计的测量原理如图 5-8 所示。

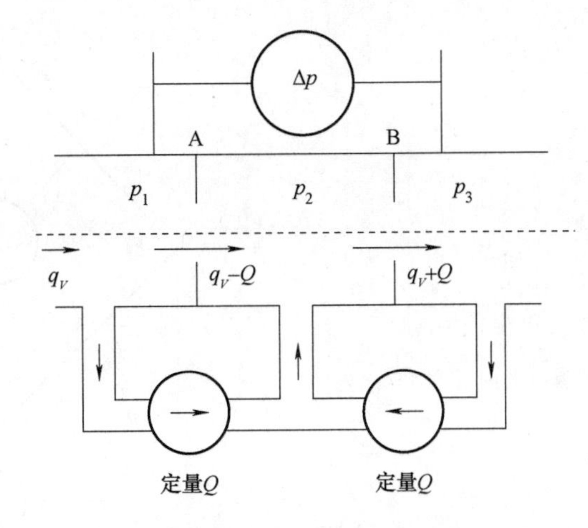

图 5-8　双孔板结构形式的差压式质量流量计的测量原理

在主管道上安装有两块几何结构完全相同的孔板 A 和 B，在孔板的上下游和孔板之间设置分流管的同时安装定量泵 1 和定量泵 2，以固定的体积流量 Q 通过定量泵，并按图示方向循环。若通过主管道的体积流量为 q_V，则通过孔板 A 的体积流量为 q_V-Q，通过孔板 B 的体积流量为 q_V+Q。当 $Q>q_V$时，则

$$\Delta p_A = p_2 - p_1 = C\rho(q_V - Q)^2 \tag{5-12}$$

$$\Delta p_B = p_2 - p_3 = C\rho(q_V + Q)^2 \tag{5-13}$$

$$\Delta p = \Delta p_B - \Delta p_A = p_1 - p_3 = 4CQ\rho q_V \tag{5-14}$$

$$C = \frac{8(1-\beta^4)}{(C_d \varepsilon \pi d^2)^2}$$

式中，C 为无量纲参数；C_d 为流出系数；ε 为膨胀性系数；d 为节流件开孔直径；β 为直径比，$\beta=d/D$，D 为管道内径。

若测得孔板 A 与孔板 B 的压差 Δp，即可得到流体的质量流量，这种流量计称为双孔板质量流量计。图 5-9 所示为双孔板质量流量计试验结果，该试验中测量了汽油（密度为 740kg/m^3）和四氯化碳（密度为 1540kg/m^3），由图 5-9 可知，该流量计线性度良好，不受密度 ρ 的影响。

使用双孔板质量流量计时要求满足 $Q>q_V$，因此当主管道流量较大时必须采用两台大容量的定量泵，这在工程应用中具有一定难度。

为了解决上述问题，通过惠斯通电桥原理在水力学应用上的类推提出了四孔板质量流量计，也称为惠斯通桥质量流量计（Wheatstone Bridge Mass Flowmeter）。其结构上是由 4 块同型孔板和一台定量泵组成，工作原理如图 5-10 所示。此时，无论是 $Q>q_V$还是 $Q<q_V$，该流量计都能正常工作。

$$Q>q_V\text{时}, p_1 - p_4 = CQ\rho q_V$$

$$Q<q_V\text{ 时}, p_2 - p_3 = CQ\rho q_V$$

这种流量计一般用于测量液体的质量流量，测量范围为 0.5～250kg/h，量程范围宽，测量准确度可达实际读数的±0.5%，常用于汽车发动机等试验台测量燃油流量。

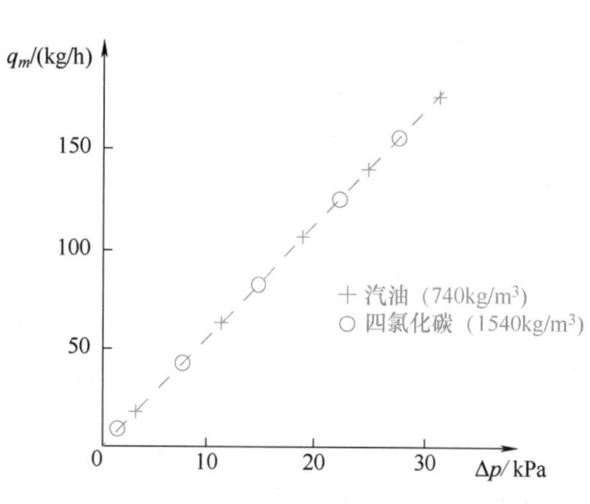

图 5-9 双孔板质量流量计试验结果

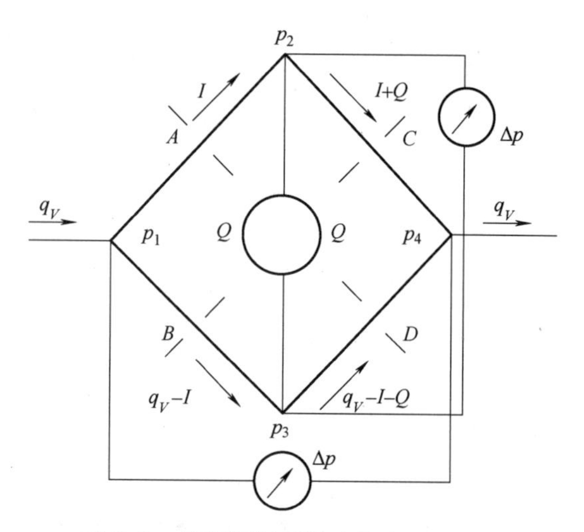

图 5-10 惠斯通桥质量流量计工作原理

5.3.2 差压式质量流量计的优势

差压式质量流量计的优势如下：

1）适用于高温和高压环境。

2）结构牢固、性能稳定可靠、使用寿命长。

3）检测件、差压变送器、流量积算仪可分别由不同厂家生产，便于规模经济生产。

5.3.3 差压式质量流量计的选型与安装

差压式质量流量计结构简单、使用方便，寿命长，适应性广，对于各种工况下的单体流体，管径在50~1000mm范围内几乎均可使用。在工程设计中选择差压式质量流量计时需要根据不同的被测介质与要求，查阅有关设计手册和资料进行选型。应注意，当被测流体为非单向流动，或流体的流量变化幅度大、黏度高、腐蚀性强时，应考虑选用其他流量测量方法。

在使用差压式质量流量计之前，应注意孔板的安装方法：

1）在孔板前要求安装有一段直管段（长度约为管道直径 D 的15~20倍），其后也应安装有一段直管段（长度约为管道直径 D 的5倍）。

2）孔板开孔与管道的轴线应同心，孔板的端面与管道轴线应垂直。

3）孔板不可反装，尖锐一侧应迎着流向为入口侧，喇叭形一侧为出口侧。

差压式质量流量计是应用较广泛的流量计，凭借其结构简单、性能稳定可靠等优点适用于天然气工业、石油化工厂、水处理厂等领域。但是它需要相对稳定的流量，并且在流体通过流量计时，可能会出现流体压力的显著损失。

5.4 基于补偿法的质量流量间接计量技术

相较于质量流量直接计量技术，质量流量间接计量技术会在测量过程中引入多个中间参数，从而使得测量结果的积累误差较大。但由于其具有传统方式的继承性，用户对此技术方法较为熟悉，因此，在一些测量准确度要求不高的场合，质量流量间接测量技术的相关应用仍比较多。其中，采用补偿法方式测量气体质量流量的应用十分广泛。

5.4.1　补偿法测量质量流量的工作原理

补偿式质量流量计采用体积流量计或检测 ρq_V^2 的流量计测量流体流量的同时测量流体的温度和压力，然后利用流体密度 ρ 与温度 t、压力 p 的关系求出该温度、压力状态下的流体密度 ρ，并对流量进行补偿计算求得质量流量值。其测量系统如图 5-11 所示。

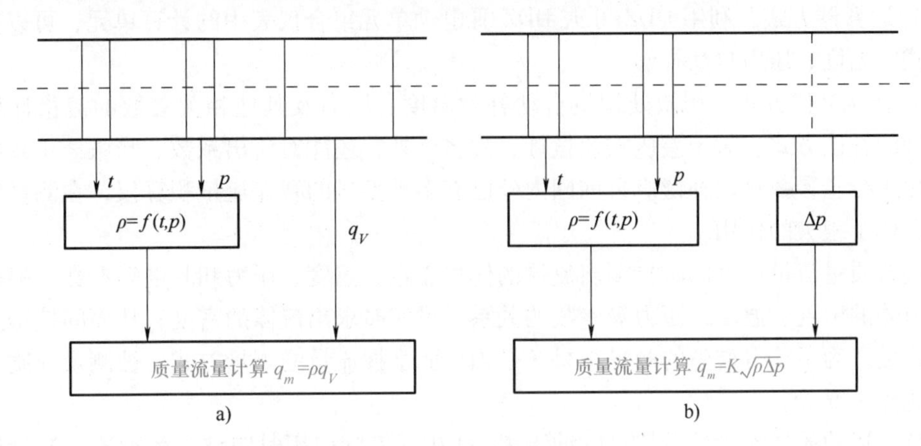

图 5-11　补偿式质量流量计测量系统

非直接式质量流量计测量流体的质量流量时，必须同时测量流体的密度 ρ。由于流体密度 ρ 是关于流体温度 t 和压力 p 的函数，当流体温度 t、压力 p 变化时，密度 ρ 会随之发生变化。当被测介质是气体时，温度 t、压力 p 对密度 ρ 的影响会更为明显，即测量流体的温度 t、压力 p 这两个参数较测量流体密度更容易实现。补偿式质量流量计可根据密度与温度、压力的关系 $\rho=f(t,p)$，对温度、压力变化进行补偿。

对于测量 q_V 的流量仪表，如容积式流量计等，其质量流量如式（5-15）所示：

$$q_m=\rho q_V=q_V f(t,p) \tag{5-15}$$

测得体积流量和温度、压力后，根据式（5-15）进行补偿计算（图 5-11a）。

对于测量 ρq_V^2 的流量仪表，如差压式流量计，其质量流量如式（5-16）所示：

$$q_m=C\sqrt{\rho\Delta p}=C\sqrt{\Delta p f(t,p)} \tag{5-16}$$

测得信号差压和温度、压力后，根据式（5-16）进行补偿计算（图 5-11b）。

综上所述，对质量流量进行温度、压力补偿的关键是要寻找到适用于被测介质的函数关系式 $\rho=f(t,p)$。

通常，当液体介质的工作压力较小时，可忽略压力变化引起的影响，此时密度仅是温度的函数；当液体介质的温度变化较小时，可认为密度与温度之间有良好的线性关系；若其温度在较大范围变化时，应考虑密度非线性的影响。对于气体介质，在低压范围内，可利用理想气体状态方程来进行温度、压力补偿计算，但在高压时，则必须考虑气体压缩性的影响。

5.4.2　质量流量的补偿方式

补偿式质量流量计根据不同的流量计有以下几种补偿方式：

（1）机械补偿方式　对于就地指示型的容积式流量计，一般采用温度传感器带动杠杆、齿轮，通过变速直接对流量示值进行补偿。这种方式适用于密度关系式比较简单的场合，具有结构简单、调节方便的优点。

（2）函数转换器方式　函数转换器是用来实现某种流体的温度、压力与密度之间模拟转换关系的一种器件。一般可根据函数关系 $\rho=f(t,p)$ 或关系曲线来设定和调整函数转换器，使其输入信号为温度和压力信号，输出信号为相应状态下的介质密度信号，用函数转换器的输出来补偿流量计的测量结果，从而得到正确的质量流量值。

（3）运算器方式　利用 DDZ Ⅱ或 DDZ Ⅲ电动单元组合仪表中的计算单元，可以实现密度关系式的温度、压力自动补偿。

（4）智能补偿方式　用微处理机自动补偿温度、压力及其他相关参数的流量计算机是一种较好的补偿方式。对于差压式流量计，除密度外，还能对流出系数、膨胀修正系数等的数值变化进行全参数自动补偿。目前国内外已有多种型号的智能流量积算仪，在测量质量流量方面发挥了很大的作用。

补偿式质量流量计可同时检测出流体的体积流量、温度、压力和黏度等参数。根据已知的被测流体的密度、温度、压力等参数的关系，可实时求出流体的密度，从而间接得到流体的质量流量。为了获得准确的测量结果，必须全面掌握流量的测量方式、被测量介质、测量装置、流体工况等。

本章所述的质量流量计量技术归纳于表 5-1 中，实际应用时应结合各种质量流量计量技术的优势与劣势进行选型与布置。

表 5-1　氢质量流量计量技术对比

种类	优势	劣势	应用实例
科里奥利质量流量计直接计量	高精度、可测量多种介质、受外界影响较小、便于维护	测量低密度介质和低压气体误差大，价格昂贵、安装不便、耗电功率大	低温液氢的质量流量计量；高压气氢的质量流量计量；掺氢天然气的质量流量计量
热式质量流量计直接计量	宽量程比，抗振性能良好、使用寿命长，安装维修简便	响应慢，对于脉动流，在使用上会受到限制	高压气氢的质量流量计量；组分浓度已知且稳定的混氢计量
差压式质量流量计直接计量	适用于高温和高压环境、结构牢固、性能稳定可靠、使用寿命长	需要相对稳定的流量；通过流量计时，可能会出现流体压力损失	低温液氢的质量流量计量
补偿法间接计量	用户熟悉的传统方法，操作简单易学	积累误差较大，测量准确度不高	高压气氢的质量流量计量；组分浓度已知且稳定的混氢计量

简答题

1. 什么是科里奥利质量流量计？U 型管科里奥利质量流量计的工作原理是什么？
2. 科里奥利质量流量计的主要优点是什么？它可以应用在哪些方面？
3. 热式质量流量计按结构原理分类，主要有哪些类型？各自用途是什么？

4. 选择热式质量流量计需要考虑实际工况的哪些因素？
5. 说明差压式质量流量计的工作原理和优势。
6. 简述与质量流量直接计量技术相比，质量流量间接计量技术有何不同？
7. 说明补偿法测量质量流量的工作原理和优点。
8. 氢质量流量计量技术有哪几种类型？举例说明各自的应用。

第6章 高压气体流量标准装置

6.1 概述

流量标准装置是复现流量量值的载体，能实现流量仪表的标定或校验，是进行流量计量研究的必要条件。气体流量标准装置用来对以气体为介质的流量计进行量值传递，此类流量计包括涡轮流量计、超声流量计和热式质量流量计等，以保证各类流量计的正确使用和准确计量。

流量标准装置有如下用途：

1）标准装置最基本的用途是校验或标定流量计，作为流量单位量值统一与传递的标准，保证流量量值各级传递。

2）进行标准流量计性能试验，确保仪表准确度等级、流量范围、过载能力、可靠性、重复性及寿命等指标。

3）研究现场工况和实验室工况之间差异对仪表测量结果的影响，以获得合理的修正方法。

4）流量标准装置是计量部门仲裁工作的基础。

流量标准装置是流量仪表溯源的源头，高精度流量仪表的产生需要准确度更高的标准装置的出现，同时高准确度标准装置的建立也对流量仪表提出了更高的精度要求，二者相互促进，共同发展。近几十年来，伴随着流量仪表技术的快速发展，流量标准装置技术也有极大的提高。世界各国都致力建立自己的高压气体流量标准装置。中国计量科学研究院、德国联邦物理技术研究所、美国国家标准与技术研究院、韩国标准与科学研究所等采用不同原级标准建立了高压气体流量标准装置。

6.1.1 气体流量标准装置的特点

气体和液体虽然都是流体，但在物理性质上有很大不同，因而气体流量标准装置和液体流量标准装置有不同特点。气体流量标准装置是流量计量中比较复杂的标准装置，主要表现在以下方面：

（1）气体密度小　在常用于标准装置的气体中，标准状态下，空气密度是1.2kg/m^3，氢气密度是0.0899kg/m^3，氦气密度是0.1786kg/m^3，气体这一特点决定了称重法的气体装置只能是高压装置。在称重过程中，要想准确测出气体质量，必须使气体质量尽量接近总质量，否则会造成大秤称小物现象，降低了测量准确度，因而必须加大压力，将气体压缩。

（2）气体压缩性大　当温度和压力变化时，气体的密度变化比液体的大。例如在一个

大气压下，空气温度由 20℃升到 21℃，其密度减小 0.4%，同情况下水的密度减小 0.03%；在 20℃时空气压力由 100kPa 增加到 200kPa，其密度增加 100%，同条件下水的密度只增加 0.01%。气体压力的不同会带来气体流量仪表本身力学性能的巨大变化，从而造成气体流量仪表计量性能的严重变化。

（3）气体易扩散　与液体不同，气体可以任意向大气中扩散，所以气体流量标准装置的容器必须用密闭容器，使介质和外界隔绝，而液体流量标准装置的容器可以用开口容器。

（4）气体黏性小　气体黏度比液体的低很多，如在 20℃和 100kPa 下，空气动力黏度为 1.8×10^{-5}Pa·s，运动黏度为 $1.49\times10^{-5}m^2/s$，氢气动力黏度为 9.0×10^{-6}Pa·s，运动黏度为 $1.07\times10^{-4}m^2/s$，而水动力黏度为 1.005×10^{-3}Pa·s，运动黏度为 $1.007\times10^{-6}m^2/s$，气体黏度低，流动状态更容易达到湍流流动。

气体流量标准装置，除了满足精度要求外，还要具备以下条件：

1）流量作为导出量，是气体流速、温度和压力的函数。在检定过程中，需要稳定的流场，即流过试验段的气体流速、温度和压力不变，不然会带来误差。

2）尽可能小的摩擦力，由于摩擦力会给气流带来不利的反压力，或者被测气体压力增加，摩擦力不均匀时，会造成压力波动，增加测量误差。

3）最好的气密性，由于气体易扩散，在压力较大时，保证密封效果要更困难。

4）材料膨胀系数小，气体流量标准装置标准器要选用温度和压力膨胀系数小的材料，当温度和压力发生变化时，尺寸变化小。

5）标准器工作时，液体含量小。相对于固体，液体温度膨胀系数大，且液体容易蒸发，如混入气体介质中，会增加介质湿度，或者引起两相流动，带来测量误差。

6.1.2　气体流量标准装置的种类

由于气体流量计量本身的复杂性，以及测量原理的不同、流量范围的大小、工况条件的转换使得气体流量标准装置的种类很多。

1）按照测量方法分，气体流量标准装置可分为静态法和动态法两类。静态法是指标准器测量时流体处于静止状态，动态法是指标准器测量时流体处于流动状态。

2）按照采用的计量器具分，气体流量标准装置可分为质量法（也叫称重法）、容积法和标准表法。

3）按照测量原理分，气体流量标准装置可分为钟罩式、pVTt 法、质量法、标准表法、活塞式气体流量标准装置等。pVTt 法属于静态容积法，钟罩式和活塞式气体流量标准装置属于动态容积法，其中钟罩式也可用于静态容积法。质量法中质量时间（即 mt）法属于静态质量法。钟罩式气体流量标准装置是一种比较古老的气体装置，在压力不高、流量不大的情况下使用比较方便。

pVTt 法气体流量标准装置是间接测量质量流量的一种标准装置。它有一个容积固定的标准容器，当气体以某个流量流入或流出该标准容器时，其中的气体质量将发生变化。通过测量某段时间 t 内标准容器内气体热力学温度 T 和绝对压力 p 的变化，就可以计算出气体流进或流出的质量流量。由于质量流量由测量压力、容积、温度和时间得到，所以称为 pVTt 法。

pVTt 法气体流量标准装置测量精度高、设备简单，湿度影响小，但装置结构对热力学温度和绝对压力的测量要求很高，标准容器内气体要达到稳定状态的时间较长。pVTt 法气体流量标准装置在国外有 40 多年的使用历史，在我国也用了 30 多年，是除钟罩式气体流量标准装置外，使用比较多的装置。我国于 1989 年首次制定了 JJG 619—1989《pVTt 法气体流量标准装置试行检定规程》，现行标准为 JJG 619—2005《pVTt 法气体流量标准装置检定规程》。

pVTt 法气体流量标准装置与其他装置比较，有其独特的优点：

1）准确度高，pVTt 法气体流量标准装置的标准容积不变，通过静态测量压力和温度来计算质量流量，而压力和温度的测量仪器准确度较高，且处于静态测量，所以能获得较高的准确度。

2）没有液体，钟罩式气体流量标准装置中有密封液体，检定气体和液体接触，会使气体湿度增加，而 pVTt 法气体流量标准装置可避免这个问题。

3）压力高，钟罩式气体流量标准装置压力基本是常压或略高于大气压力，pVTt 法气体流量标准装置标准器内的气体压力可以按需求设计得很高，所以对相同的流量，pVTt 法气体流量标准装置容器小，因而更加适用于大流量计量。相对于 mt 法，pVTt 法是间接测量气体质量，会存在一些误差来源，如标准容器误差、气体压力和温度测量误差、密度和体积计算引起的误差。

mt 法气体流量标准装置要称出气体的净质量，为了提高测量精度，必须增加气体压力以提高气体密度，即提高气体净质量在总称重中的比例。所以 mt 法气体流量标准装置的压力比 pVTt 法气体流量标准装置的压力高。mt 法是最直接，也是精度最高的方法。

活塞式气体流量标准装置采用活塞泵的原理，将被测气体压入标准容器中，并通过测量活塞的运动来确定气体流量，此装置具有压力流量稳定、流量点易调节、重复性和稳定性好、易于溯源、操作方便等特点，可实现对高压损流量计（如质量流量计）的检定。活塞式气体流量标准装置采用活塞和缸体组成一个充满气体的腔体，在工作时，需保持活塞缸的密闭性，同时控制活塞在缸体内沿着一定方向迅速运动，使气体均匀地进入或排出活塞和缸体组成的腔体。通过活塞缸的内截面面积、活塞移动的距离以及活塞移动的时间，就可以计算出气体的标准流量。

6.1.3 高压气体流量标准装置发展状况

国际上的气体流量标准装置近年来不断发展，不但提高了装置的计量性能指标而且扩展了装置的功能，主要体现在提高了流量测量的准确度，同时扩大了流量测量范围。

目前国际上对气体流量标准装置进行研究的主要机构有：美国国家标准与技术研究所、德国联邦物理技术研究所、英国国家工程实验室、美国科罗拉多工程试验站、法国天然气公司、美国西南研究院等，具有代表性的主要有以下几个：

美国国家标准与技术研究院建立了高压 pVTt 装置，测量范围为 0~6000kg/h，检定压力为 0. 86MPa，测量准确度为±0. 11%。

美国科罗拉多工程试验站的 mt 法气体流量标准装置和 pVTt 法气体流量标准装置的主要技术参数见表 6-1，此试验站将 mt 法和 pVTt 法并用构成的标准装置精度高、流量大。在该装置中，mt 法的测量准确度为±0. 025%，pVTt 法的测量准确度为 0. 077%~0. 25%，mt 法可用来标定 pVTt 法，整套装置流量范围为 0. 45~33000kg/h。

表 6-1　美国科罗拉多工程试验站气体流量标准装置的主要技术参数

	装置类别	
	mt 法	pVTt 法
最大流量	800kg/h	33000kg/h
检定介质	空气	空气
检定压力	9MPa	9MPa
测量准确度	±0.025%	0.077%~0.25%

其他具有代表性的国外气体流量标准装置的技术参数见表 6-2。

表 6-2　其他具有代表性的国外气体流量标准装置的技术参数

	机构		
	英国国家工程实验室	法国天然气公司	美国西南研究院
装置类型	mt 法	pVTt 法	mt 法
最大流量	1800kg/h	6500kg/h	1056kg/h
检定介质	天然气	天然气	天然气
检定压力	5MPa	6MPa	8.3MPa
测量准确度	±0.01%	±0.25%	±0.1%

英国国家工程实验室开发了一套气体流量检定装置，装置采用 mt 法检定，检定介质是天然气，能检定的最大流量是 1800kg/h，最大压力是 5MPa，装置的准确度是±0.01%；法国天然气公司开发的一套 pVTt 法气体流量标准装置，能检定的最大流量是 6500kg/h，最大压力是 6MPa，装置的测量准确度是±0.25%；美国西南研究院的一套 mt 法气体流量标准装置，能检定的最大流量是 1056kg/h，最大压力是 0.1MPa，装置的测量准确度是±0.1%。

我国的第一套 pVTt 法气体流量标准装置于 1977 年建成，该装置的准确度能达到±0.03%；中国计量科学研究院建立了一套 pVTt 法气体流量国家基准装置，用于对音速喷嘴进行量值传递，其标准容器容积有 0.2m^3、2m^3、20m^3，流量范围是 0.1~1300m^3/h，装置的扩展不确定度 $U_{rel}=0.05\%$（$k=2$）。国家基准装置还有钟罩式气体流量标准装置，标准器容积有 100L、1000L、2000L，流量范围是 0.3~120m^3/h，装置的扩展不确定度：1000L 钟罩为 $U_{rel}=0.1\%$（$k=2$），100L 和 2000L 钟罩为 $U_{rel}=0.2\%$（$k=2$）。

中国计量科学研究院 2006 年建立了一套 1000L 钟罩式气体流量标准装置，其流量范围是 1~60m^3/h，装置的扩展不确定度 $U_{rel}=0.10\%$（$k=2$）。在 2014 年，中国计量科学研究院建成了高压环道气体流量装置，采用 4 台涡轮流量计作为标准表，具备 2.5MPa、1600m^3/h 的测量能力，涡轮流量计标准表使用原位校准及“绝压+差压”的压力测量方式，装置的扩展不确定度 $U_{rel}=0.21\%$（$k=2$）。

国家原油大流量计量站成都华阳天然气流量分站有 mt 法气体原级标准装置和临界流文丘里喷嘴气体流量次级标准装置。原级标准装置的最大工作压力为 4.0MPa，质量流量范围为 0.005~2.47kg/s，流量综合不确定度为 0.1%；次级标准装置的最大工作压力为 4.0MPa，体积流量范围为 5~5115m^3/h，流量综合不确定度为 0.25%；工作标准装置的最大工作压力为 6.0MPa，体积流量范围为 80~8000m^3/h，流量综合不确定度为 0.35%~0.5%。

上海工业自动化仪表研究院建立了一套 pVTt 法气体流量标准装置，装置的标准容器容

积为 $20m^3$，流量范围为 $2\sim1200m^3/h$，装置的扩展不确定度 $U_{rel}=0.05\%$（$k=2$），由于装置的标准容器很大，用真空泵抽取负压和稳定等待的时间非常长，检定效率也非常低；2008 年，上海工业自动化仪表研究院还建立了一套音速喷嘴和标准表并联的气体流量标准装置，该装置的流量范围为 $1\sim7500m^3/h$，装置的扩展不确定度为 $U_{rel}=0.25\%$（$k=2$），在流量小于 $4000m^3/h$ 时，用临界流喷嘴法气体流量标准装置，当流量大于 $4000m^3/h$ 时，同时使用 3 台气体涡轮流量计为标准表的气体流量标准装置。

南京计量测试中心高压天然气流量标准装置包括 mt 法天然气流量原级标准、临界流文丘里法次级标准、标准涡轮流量计法工作标准装置，形成了完善的高压天然气流量量值传递和溯源体系。其中，原级流量标准装置采用质量时间法，装置的流量范围为 $8\sim443m^3/h$，工作压力为 5.0~8.0MPa，测量不确定度 $U_{rel}=0.10\%$（$k=2$）；次级流量标准装置由 12 只并联安装的圆弧形喉部的临界流文丘里喷嘴构成，其设计、制造和安装符合国际标准，装置的流量范围为 $8\sim3160m^3/h$，测量不确定度 $U_{rel}=0.25\%$（$k=2$）。

目前，我国的辽河油田和大庆油田都建立了原级标准装置，并且我国于 2005 年年底颁布了适用于 pVTt 法气体流量标准装置的首次检定、后续检定和使用中检验的标准 JJG 619—2005《pVTt 法气体流量标准装置检定规程》。pVTt 法气体流量标准装置主要用途是对临界流喷嘴进行量值传递。2008 年，重庆市计量质量检测研究院研制了一套 0.1 级的 20L pVTt 法气体流量标准装置，该装置解决了国内无法用 pVTt 法气体流量标准装置检定流量小于 $0.5m^3/h$ 音速喷嘴的难题，用该装置可以检测 $0.001\sim0.5m^3/h$ 流量范围的音速喷嘴，同时，目前该研究院正在研制标准容器为 $30m^3$ 的 pVTt 法气体流量标准装置。

6.2 pVTt 法气体流量标准装置

6.2.1 工作原理和分类

pVTt 法气体流量标准装置的工作原理是在某一时间间隔 t 内，气体流入或流出容积为 V 的标准容器，根据标准容器内气体绝对压力 p 和热力学温度 T 的变化，可以求得气体质量流量。装置主要用于检定临界流喷嘴，也可用于检定其他气体流量计。

pVTt 法气体流量标准装置的型式有很多种，一般可以按照其结构和工作原理进行分类。

按照检定时气体相对于标准容器的流动方向不同，可以分为进气式和排气式；按照气源压力高低不同，可以分为高压式和常压式；按照装置中的动力设备不同，可以分为空气压缩机式、鼓风机式和真空泵式；按照装置产生气体的流量大小不同，可以分为小流量空气压缩机式和大流量空气压缩机式；按照气体处理程度不同，可以分为去湿处理式和不去湿处理式；按照采取的稳温措施不同，可以分为标准容器内加风机式、标准容器水浴恒温式、标准容器外层加热式和自然稳定式；按照检定开始和结束时气流换向或者启停方式不同，可以分为三通阀式、切换阀式和开关阀式；按照标准容器的数量不同，可以分为单容器型、双容器型和多容器型；按照标准容器的安装姿势不同，可以分为竖立式和横置式。高压进气式、常压进气式和排气式 pVTt 法装置是 3 种常用装置的结构。

6.2.2 装置结构及工作过程

装置主要由标准容器、压力计、温度计、计时器、空压机、临界流喷嘴，以及真空泵、

气动（或电动）阀门、用于测量时间的信号转换器（如光电脉冲信号转换器）和控制台等组成。一种典型的装置结构如图 6-1 所示。

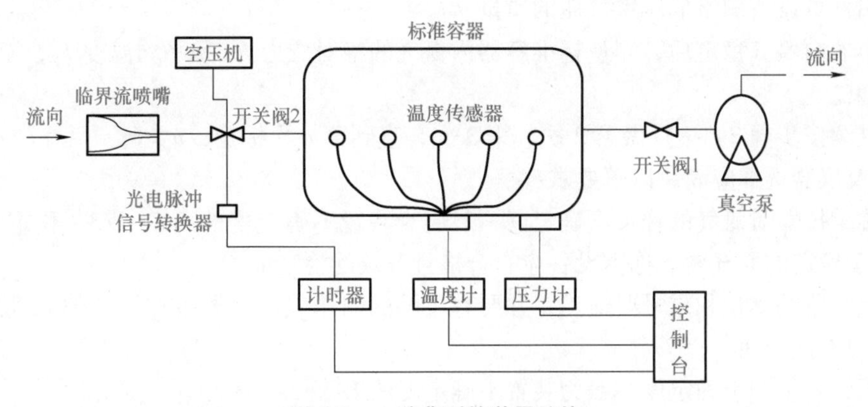

图 6-1 一种典型的装置结构

标准容器是装置中用于准确测量气体体积的容器。标准容器在工作状态下不应产生变形，材料一般应采用不锈钢，其内表面不得有凹陷和凸起，若涂有保护层，不应有脱落和吸水现象。标准容器内应多点测温，并合理布置测温点，以减小由于标准容器内气体温度的不均匀所造成的测量不确定度。标准容器内可安装风机或风扇进行搅拌，以使容器内温度场迅速均匀稳定。标准容器应安装在室内温度比较均匀稳定之处，应避免日光直射，并远离热源。标准容器的容积一般应满足装置最大流量下进气时间不小于 30s 的要求。

标准容器上应设置压力计的取压孔。压力计的取压孔应是圆形的，入口处应无毛刺。取压口的直径应小于 12mm。

开关阀在开启和关闭的过程中不得有任何卡阻现象，当整个系统处于关闭状态时应密封。

采用氮气标定法确定标准容器容积时需要氮气瓶，氮气瓶内装有高纯度氮气。在向标准容器输送高纯氮气之前，氮气瓶内的压力较高，此时的氮气瓶被称为高压氮气瓶。在向标准容器输送高纯氮气之后，氮气瓶内的压力降低，此时的氮气瓶被称为低压氮气瓶。

6.2.3 操作过程

1）用真空泵将标准容器绝对压力抽到 1kPa 以下后，充入氮气，使标准容器绝对压力达到 50kPa 左右，再用真空泵抽空，再充氮气。如此 3 次，使其内剩余空气含量不大于 0.002%，以清扫容器。（抽气和充气的次数及达到的压力值可以与上述要求不同，但结果应使剩余空气的含量满足不大于 0.002%的要求。）

2）开启真空泵将氮气抽出，直至绝对压力在 1kPa 以下。

3）待标准容器内氮气状态稳定后，每隔 1h 测一次标准容器内氮气的绝对压力 P_E 和平均温度 T_E。

4）用称重设备测量高压氮气瓶的质量 m_1。

5）将高压氮气瓶中的氮气充进标准容器内，直到标准容器内压力达到 50kPa 左右，停止充气。如果一瓶氮气瓶中的氮气量不够，可以使用多瓶氮气。必要时，应考虑连接管氮气放空质量修正。

6）向标准容器充气后的氮气瓶内氮气的压力下降很多，成为低压氮气瓶。在称量低压氮气瓶之前，必须将露或霜擦干或吹干，并在室内放置一段时间使其充分干燥。

7）用称重设备测量低压氮气瓶的质量 m_2。

8）容器内氮气稳定后，测量标准容器内氮气的绝对压力 P_F 和平均温度 T_F，至此，第1次检定结束。

9）继续按步骤2)~8）做第2次、第3次，直到第 n 次标定，$n \geqslant 6$。

设备及仪器选择应满足以下要求：

1）称重仪器对氮气的称量不确定度一般应为装置不确定度的1/5~1/3。称重设备内应能放置用于检定的氮气瓶。称重设备应有合格且有效的检定证书。

2）氮气瓶的体积和重量要适当，并要有足够的耐压强度，要备有足够的氮气量，氮气纯度一般应不低于99.999%。

3）压力测量的不确定度一般为装置不确定度的1/3~1/2。

4）温度测量仪表的单点测量不确定度一般为装置不确定度的1/3。

5）时间测量仪器的分辨率应不大于1ms，时间测量的不确定度应不大于0.01%（$k=2$）。

6.2.4 容积和质量流量的计算方法

1. 气密性测试

将标准容器内气体抽空，待标准容器内气体状态稳定后，每隔1h测一次压力和温度，共测3次，按式（6-1）计算出每小时的相对漏气率。

$$w_i = \frac{\left(\dfrac{p_{i+1}}{T_{i+1}} - \dfrac{p_i}{T_i}\right)}{\left(\dfrac{p_F}{T_F} - \dfrac{p_E}{T_E}\right)},\ i=1,2,3 \tag{6-1}$$

式中，w_i为第 i 次的相对漏气率；p_i，p_{i+1}为第 i 次和 $i+1$ 次测量时标准容器内的绝对压力；T_i，T_{i+1}为第 i 次和 $i+1$ 次测量时标准容器内的热力学温度；p_E，p_F为使用装置时，标准容器抽空（$p_E=0$）和进气后（$p_F=50\text{kPa}$）的绝对压力；T_E，T_F为使用装置时，标准容器抽空和进气后的热力学温度。

待全部项目检定完毕后，检查 w_i（$i=1$，2，3）值，均应不超过装置不确定度的1/4。否则要对装置进行检修，直至满足密封要求。

2. 容积计算公式

$$V_T = \frac{m_1 - m_2}{\dfrac{p_F}{T_F Z_F} - \dfrac{p_E}{T_E Z_E}} \frac{p_N}{T_N Z_N \rho_N} \tag{6-2}$$

式中，m_1 为高压氮气瓶的质量（kg）；m_2 为低压氮气瓶的质量（kg）；V_T为标准容器在温度 T 下的容积（m^3）；Z_E、Z_F为充氮前、后标准容器内氮气的压缩系数；p_N 为标准状态压力，101325Pa；T_N 为标准状态温度，293.15K；Z_N 为标准状态下的氮气压缩系数，$Z_N=0.99978$；ρ_N 为标准状态下的氮气密度，$\rho_N=1.1648\text{kg/m}^3$。

3. 标准容器容积不确定度 u_V的计算

标准容器容积的平均值计算公式如式（6-3）所示：

$$\overline{V}_{\mathrm{N}} = \frac{\sum_{i=1}^{n} V_{N_i}}{n} \tag{6-3}$$

式中，V_{N_i}为第 i 次标定所得标准容器容积。

标准容器容积的 A 类标准不确定度 u_s 计算如式（6-4）所示：

$$u_s = \frac{1}{\sqrt{n}\,\overline{V}_{\mathrm{N}}}\sqrt{\frac{\sum_{i=1}^{n}(V_{N_i}-\overline{V}_{\mathrm{N}})^2}{n-1}} \tag{6-4}$$

标准容器容积的合成标准不确定度 u_V 如式（6-5）所示：

$$u_V = \sqrt{u_s^2+u_m^2+u_p^2+u_T^2} \tag{6-5}$$

式中，u_s为 A 类标准不确定度；u_m为称重仪器对氮气瓶称重的相对标准不确定度；u_p为压力测量的相对标准不确定度；u_T为温度测量的相对标准不确定度。

4. 开关阀的时间系统差

装置运行时，由于临界流喷嘴下游开关阀的打开、关闭动作与计时器计时的启、停动作不同步，使得所测流量与实际流量存在系统差，即所谓开关阀的时间系统差。

确定开关阀时间系统差的方法是在某个临界流喷嘴的流量下，按装置正常测量时间内阀门开关一次进行试验，再在此流量下阀门连续开关 $n(n\geqslant5)$ 次，n 次开关的测量时间总和应与上述正常测量时间近似相等，且每次开关的时间应大致相等。

开关阀造成的时间系统差计算式如式（6-6）所示：

$$\Delta t = \frac{t}{n-1}\left(1 - \frac{q'_m}{q''_m}\frac{\sum_{i=1}^{n} m_i}{m}\frac{t}{\sum_{i=1}^{n} t_i}\right) \tag{6-6}$$

式中，Δt 为开关阀造成的时间系统差（s），t 为阀门开关一次试验中测得的时间（s）；m 为阀门开关一次试验中测得的质量（kg）；q'_m为阀门开关一次试验中通过临界流喷嘴的实际流量（kg/s）；$\sum_{i=1}^{n} t_i$ 为阀门连续开关 n 次试验中测得的时间之和（s）；$\sum_{i=1}^{n} m_i$ 为阀门连续开关 n 次试验中测得的总质量（kg）；q''_m为阀门开关 n 次试验中通过临界流喷嘴的实际流量（kg/s）。

5. 附加质量和管道容积的检定

临界流喷嘴和开关阀之间有一段管道，由于开始进气和结束进气时，这段管道内的空气状态不同，因此会产生附加质量。附加质量的计算公式如式（6-7）所示：

$$\Delta m = \frac{\Delta V}{Ra}\left(\frac{p_0}{T_0} - \frac{p'_{\mathrm{F}}}{T'_{\mathrm{F}}}\right) \tag{6-7}$$

式中，Δm 为附加质量（kg）；ΔV 为管道的容积（m^3）；Ra 为空气的气体常数，$Ra=287.1\mathrm{J/(kg\cdot K)}$；$p_0$为检定时大气的绝对压力（Pa）；$p'_{\mathrm{F}}$为结束进气时，管道内的气体压力，可近似用进气后标准容器内的气体压力代替（Pa）；T_0为检定时大气的热力学温度（K）；T'_{F}为结束进气时，管道内的气体温度，可近似用进气后标准容器内的气体温度代替（K）。

为确定 ΔV，可以将此段管道拆下，以水做介质，用标准量器或称重装置进行测量，从而得到 ΔV 的值；也可使用几何尺寸测量法确定 ΔV 的值。测量结果的不确定度一般应不超过 1%（$k=2$）。

6. 装置的测量不确定度

（1）装置的质量流量

装置的质量流量计算公式如式（6-8）所示：

$$q_m=\frac{\frac{V_N T_N Z_N \rho_N}{p_N}\left(\frac{p_F}{T_F Z_F}-\frac{p_E}{T_E Z_E}\right)[1+3\alpha(T-293.15)]-\Delta m}{t-\Delta t} \tag{6-8}$$

式中，V_N为标准容器在标准状态下的基本容积（m^3）；T_N为标准状态下空气温度；Z_N为标准状态下空气压缩系数；ρ_N为标准状态下空气密度（kg/m^3）；p_N为标准状态下空气绝对压力（Pa）；T为标准容器壁面温度（K）；t为进气时间（s）；Δt为开关时间（s）；Δm为附加质量（kg）；α为标准容器材料的线性膨胀系数（K^{-1}）；p_E、p_F、T_E、T_F、Z_E、Z_F可参考式（6-1）。

（2）装置瞬时流量的合成相对标准不确定度

$$u_1=[(c_V u_V)^2+(c_t u_t)^2+(c_p u_p)^2+(c_T u_T)^2+(c_Z u_Z)^2+(c_{\Delta t} u_{\Delta t})^2+(c_{\Delta m} u_{\Delta m})^2]^{1/2} \tag{6-9}$$

式中，u_V为标准容器容积的相对标准不确定度；c_V为标准容器容积的相对标准不确定度灵敏系数；u_t为时间测量的相对标准不确定度；c_t为时间测量的相对标准不确定度灵敏系数；u_p为压力测量的相对标准不确定度，包括进口和出口压力的相对标准不确定度；c_p为压力测量的相对标准不确定度灵敏系数；u_T为温度测量的相对标准不确定度，包括进口和出口温度的相对标准不确定度；c_T为温度测量相对标准不确定度灵敏系数；u_Z为气体压缩系数的相对标准不确定度；c_Z为气体压缩系数的相对标准不确定度灵敏系数；$u_{\Delta t}$为开关阀时间系统差测量的相对标准不确定度；$c_{\Delta t}$为开关阀时间系统差测量的相对标准不确定度灵敏系数；$u_{\Delta m}$为附件质量测量的相对标准不确定度；$c_{\Delta m}$为附件质量测量的相对标准不确定度灵敏系数。灵敏系数是评估测量系统中各个参数的不确定度对最终测量结果的影响，一般通过实验测量和计算得到。

（3）装置累计流量的合成相对标准不确定度

$$u_2=[(c_V u_V)^2+(c_p u_p)^2+(c_T u_T)^2+(c_Z u_Z)^2+(c_{\Delta t} u_{\Delta t})^2+(c_{\Delta m} u_{\Delta m})^2]^{1/2} \tag{6-10}$$

（4）装置的扩展不确定度U_1和U_2

$$U_1=ku_1 \tag{6-11}$$

$$U_2=ku_2 \tag{6-12}$$

式中，k为覆盖因子，取$k=2$。

装置的检定周期根据具体使用情况确定，一般不超过1年。装置内所使用的温度计、压力计和计时器的检定周期按相应的检定规程执行。

［例］ 某所pVTt法的标准容器容积为20m^3，各次标定的容积值（m^3）结果如下：19.9189，19.9170，19.9183，19.9164，19.9150，19.9135，19.9193，19.9177，19.9204。如何获得该标准装置的不确定度？

解：根据误差来源，计算各项不确定度值。

计算得到容积平均值为19.9174m^3，标准容器容积的A类标准不确定度$u_s=3.6\times10^{-5}$，容积的相对标准不确定度根据测量结果由式（6-5）计算得到：$u(V_{20})=0.011\%$

称氮气质量用2000kg天平，满量程允许误差为$\pm8\times10^{-7}$，称得的氮气质量$m=11.5kg$，按矩形分布考虑，质量的相对标准不确定度为：

$$u(m)=\frac{2000\times 8\times 10^{-7}}{11.5\times 3^{1/2}}=0.008\%$$

氮气的不纯引入的相对标准不确定度为 $u(\rho_N)$，其中氮气纯度为 99.99%，则由于气体不纯引入的相对标准不确定度为：

$$u(\rho_N)=\frac{0.001\%}{3^{1/2}}=0.00058\%$$

由相关表格查压缩系数 Z_N 时引入的相对扩展不确定度为 0.001%，按矩形分布，则其相对标准不确定度为：

$$u(Z_N)=\frac{0.001\%}{3^{1/2}}=0.00058\%$$

压力测量时，压力计满量程为 100kPa，允许误差为满量程的±0.01%，即±10Pa。设 $p_F=50\text{Pa}$，$p_E=300\text{kPa}$，则其不确定度为 0.02% 和 3.3%。按矩形分布，充气前后压力引起的相对标准不确定度分别为：

$$u(p_F)=\frac{0.02\%}{3^{1/2}}=0.012\%$$

$$u(p_E)=\frac{3.3\%}{3^{1/2}}=1.9\%$$

由于温度计引入的平均温度带来的误差估计为±0.06K。按标准温度 293.15K 计算，其不确定度为 0.02%，按矩形分布，环境温度引入的相对标准不确定度为：

$$u(T_F)=u(T_E)=\frac{0.02\%}{3^{1/2}}=0.012\%$$

时间测量不确定度计算，一般计时器允许误差为 10^{-6}，在不确定度评估中可以忽略，计时器分辨率为 1ms，如果按照矩形分布，装置最短测量时间设计为 30s，则：

$$u(t)=\frac{0.001}{30\times 3^{1/2}}=0.002\%$$

计算开关阀开关时间测量的不确定度时，采用多次测量计算平均值，同一文丘里喷管的开关时间值的范围，经多次试验结果不超过±5ms，装置的最短测量时间为 30s，按照平均分布，则：

$$u(\Delta t)=\frac{0.005}{30\times 3^{1/2}}=0.01\%$$

附加质量的不确定度（式 6-7）可由以下参数计算得到：管道容积 ΔV，气体常数 Ra，大气温度 T_0 和压力 p_0，以及进气温度 T_F 和压力 p_F。

管道容积的不确定度计算采用几何测量法，体积的允许误差不超过±1%，则其测量不确定度计算为：$u(\Delta V)=\frac{1\%}{3^{1/2}}=0.577\%$。

气体常数 Ra 的不确定度估算为 0.01%。

计算大气压力和管道内压力的不确定度时，按照压力计的允许误差为±20Pa，矩形分布，则不确定度为

$$u(p_0)=\frac{20}{101325\times 3^{1/2}}=0.011\%$$

管道内温度不确定度根据前面计算可知，其不确定度为 0.02%。

附加质量合成不确定度按照其公式（参考中国计量出版社《流量计量与测试》）得到：

$$u(\Delta m)=0.58\%$$

表 6-3 为某所 pVTt 法气体流量标准装置不确定度一览表。

表 6-3 pVTt 法气体流量标准装置不确定度一览表

序号	符号	不确定来源（输入量）	输入量的标准不确定度 $u(\%)$	灵敏系数 c
1	V	容积	0.011	1
2	t	时间	0.002	-1
3	Δt	阀门开关时间	0.01	1.7×10^{-4}
4	p_F	进气后罐内压力	0.012	-1
5	T_F	进气后罐内温度	0.012	1
6	Z_{NF}	进气后压缩系数	0.00058	1
7	p_E	进气前罐内压力	1.9	0.0058
8	T_E	进气前罐内温度	0.012	-0.0058
9	Z_{NE}	进气前压缩系数	-0.00058	-0.0058
10	Δm	附加质量	0.58	1×10^{-4}

最后根据式（6-9）得到：

$$u_1=\sqrt{(c_Vu_V)^2+(c_tu_t)^2+(c_pu_p)^2+(c_Tu_T)^2+(c_Zu_Z)^2+(c_{\Delta t}u_{\Delta t})^2+(c_{\Delta m}u_{\Delta m})^2}$$

$$=\sqrt{\begin{aligned}&(0.011)^2+(-0.002)^2+(1.7\times10^{-6})^2+(-0.012)^2+(0.012)^2+(0.00058)^2+(0.01102)^2+\\&(-6.96\times10^{-5})^2+(0.00058)^4+(5.8\times10^{-5})^2\end{aligned}}$$

$$\approx0.023\%$$

$$U=ku_1=0.046\%,k=2$$

可得到 pVTt 法气体流量标准装置不确定度为 0.023%。

6.2.5 高压 pVTt 法气体流量标准装置特点

对于高压气体流量标准装置，需要增加压力源，空气经压气机压气进入管道，经过过滤器和干燥器进行过滤干燥，随后进入储气罐。储气罐压力达到一定值后，打开下游阀门。空气经过温度调节器、压力调节器，以稳定的压力和温度达到滞止容器，然后经音速喷嘴、切换阀流向大气。高压气体流量标准装置结构如图 6-2 所示。

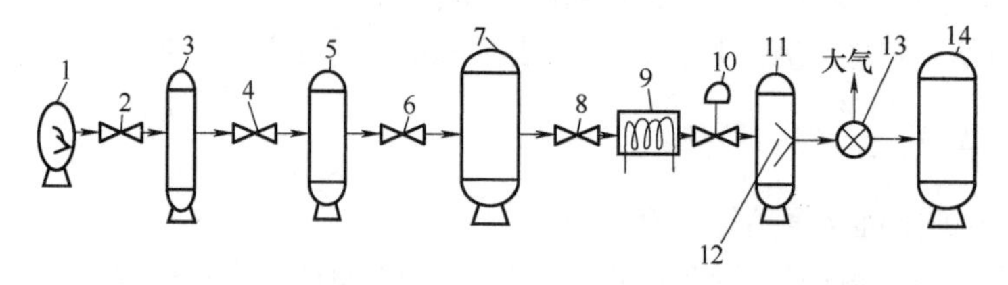

图 6-2 高压气体流量标准装置结构

1—压气机 3—过滤器 5—干燥器 7—储气罐 9—温度调节器 10—压力调节器 11—滞止容器 12—音速喷嘴 13—切换阀 14—标准容器 2、4、6、8—阀门

测量时，先测出标准容器绝对压力 p_E 和绝对温度 T_E，再起动切换阀，使空气流入标准容器。当切换阀转换时，同时起动计时器，开始计时，经过一段时间后，再次起动切换阀，使空气流入大气，同时停止计时器计时，从计时器上记下时间 t，并测出此时标准容器的绝对压力 p_F 和绝对温度 T_F，测量滞止容器中气体滞止压力 p_0 和滞止温度 T_0。最后，根据测量参数求出流过音速喷嘴的质量流量。

测量时应满足以下条件：标准容器的容积不受温度和压力的影响；在检定时间内，流过被检流量计的气体质量等于进入标准容器内的气体质量；计时器测得的时间就是检定的时间；忽略气体湿度。质量流量的表达式如式（6-13）所示：

$$q_m = \frac{V}{t}\left(\frac{p_F}{T_F Z_F} - \frac{p_E}{T_E Z_E}\right)\frac{T_N Z_N \rho_N}{p_N} \tag{6-13}$$

式中，q_m 为气体质量流量；t 为计时器测得时间；T_N 为标准状态温度，$T_N = 293.15\text{K}$；p_N 为标准状态压力，$p_N = 101325\text{Pa}$；Z_N 为标准状态下的气体压缩系数；ρ_N 为标准状态下的气体密度；T_F 为检定结束后在标准容器内测得的气体平均热力学温度；p_F 为检定结束后在标准容器内测得的气体绝对压力；Z_F 为在检定结束后标准容器的温度压力条件下的气体压缩系数，根据 T_F 和 p_F 计算得到；T_E 为检定前标准容器内测得的气体平均热力学温度；p_E 为检定前标准容器内测得的气体绝对压力；Z_E 为在检定前标准容器的温度压力条件下的气体压缩系数，根据 T_E 和 p_E 计算得到。

中国计量科学研究院建立了高压气体流量标准装置，提出了气体流量量值传递方法，形成了完整的气体流量计量量值传递体系，研究成果已在航空、航天及能源领域得到应用，可满足高准确度气体流量量值的溯源需求。

该高压气体流量标准装置共用 1 套气源系统，由 2 台空气压缩机、2 台过滤器、储气系统及调压系统组成。储气系统由 2 个 10m^3 一级储气容器和 2 个 7.5m^3 二级储气容器组成，其最大耐压分别为 11MPa 和 5MPa。调压系统由 4 个一级减压阀和 6 个二级减压阀组成，分别位于一、二级储气容器出口，可实现试验所需的稳定压力。

整个高压气体流量量值传递体系由 pVTt 法气体流量标准装置、音速喷嘴法次级标准装置和环道式涡轮流量计法工作标准装置 3 部分组成，具备最大压力 2.5MPa，最大流量 $1600\text{m}^3/\text{h}$ 的测量能力，可以满足工业生产领域 DN 200 涡轮流量计全量程量值溯源的需求。

pVTt 系统作为整个系统中的基础，其测量能力决定了整个体系的测量能力，该装置基于自主研发的“快速三通阀门及相应的测试系统”，换向过程中，进气阀芯和旁通阀芯均处于关闭状态，有效实现了换向过程中的双向静态密封，从本质上可避免测试阶段的气体内漏，辅以进气开始、结束时间点的准确确定，实现“毫秒级进气时间”的准确测量。

6.3 质量时间法气体流量标准装置

质量时间法（mt 法）气体流量标准装置通过直接测量检定时间 t 内流过被检流量计的气体质量 m 来计算质量流量，它是直接计量气体质量流量的装置。通常情况下，mt 法气体流量标准装置的压力比 pVTt 法气体流量标准装置的压力高。mt 法气体流量标准装置的准确度与 pVTt 法气体流量标准装置的相当，装置均需要临界流文丘里喷嘴控制气体流速。mt 法是复现质量流量最直接，也是精度最高的方法，这是因为质量和时间都是基本量，它们的量值可以得到最直接的传递。

为了准确地实现气体流量计量，并科学、公正地开展气体流量量值传递和进行相关的科学研究，世界先进工业化国家均相继建立了全国最高的实物标准，这个实物标准实际上就是一级流量标准装置，作为气体量值的最高计量标准。一级气体流量标准用得最为普遍的是mt法和pVTt法，mt法比pVTt法具有较大的优势：①该方法所涉及的物理参数相对较少，从而误差源少，可获得较高的准确度；②mt法装置本身的周期检定比其他方法的容易实现；③对基本量质量和时间溯源比较容易。mt法的这些优势，在氢气和天然气流量量值计量方面尤为突出。

我国于1995年研制成功第一台高准确度mt法天然气流量标准装置，标准状态下气体的最大流量为10000m^3/h，压力范围是为0.3~4MPa，称重选用的是不等臂电子天平，净称重范围为10~100kg，测量不确定度为2g，复现的质量流量范围为0.005~2.47kg/s，质量流量的扩展不确定度为0.1%。

我国某管道建立了mt法天然气流量原级标准、临界流文丘里法次级标准、标准涡轮流量计法工作标准装置，形成了较为完善的天然气流量量值传递体系。其设计压力是10MPa，工作压力是5.0~8.0MPa，质量流量为0.1~8.0kg/s，复现的质量流量的扩展不确定度为0.1%，校准临界流文丘里喷嘴流出系数的扩展不确定度为0.15%。体系的技术指标处于国际先进行列，迄今为止，国际上只有美国、德国、荷兰和我国等几个国家建有高压天然气流量原级标准装置。

6.3.1 工作原理

根据质量流量的定义，在测量给定的时间内，通过音速喷嘴或次级标准流进称量容器的气体质量，便可求得气体质量流量。根据质量流量定义，其数学表达式如式（6-14）所示：

$$q_m=\frac{m}{t} \tag{6-14}$$

式中，q_m为气体质量流量（kg/s）；m为流经音速喷嘴的气体质量（kg）；t为测量时间（s）。

mt法气体流量标准装置测量的流过临界流喷嘴的质量流量由式（6-15）计算：

$$\begin{aligned}q_m&=\frac{m_e-m_s}{t}=\frac{\Delta m}{t_1-\Delta t}\\&=\frac{1}{t_1-\Delta t}\times\{[(W_e+W_{b,e})+V_{L1}\rho_{1e}+V_{L2}\rho_{2e}]-[(W_s+W_{b,s})+V_{L1}\rho_{1s}+V_{L2}\rho_{2s}]\}\\&=\frac{1}{t_1-\Delta t}\times[(W_e-W_s)+\Delta W_b+V_{L1}(\rho_{1e}-\rho_{1s})+V_{L2}(\rho_{2e}-\rho_{2s})]\end{aligned} \tag{6-15}$$

式中，m为称重球罐内气体质量与附加管容中气体质量之和（kg）；Δm为测试过程中流过临界流喷嘴的气体质量（kg）；W为称重球罐内的气体质量（kg）；W_b为称重球罐所受的空气浮力（kg），$W_b=\rho V$，V为装载气体的称重罐体体积；ΔW_b为测试结束和开始时，称重球罐所受空气浮力的变化量（kg）；V_L为附加管容容积（m^3）；ρ为气体密度（kg/m^3）；t为实际测试时间（s）；t_1为计时系统测量的时间（s）；Δt为快速切换阀换向时间系统差（s）。式中下标，s表示测试开始时刻的值；e表示测试结束时刻的值；1表示附加管容的参数；2表示附加管容2的参数。

气体密度可用气体状态方程式（6-16）计算：

$$\rho=\frac{Mp}{ZRT} \tag{6-16}$$

式中，p 为附加管容内的气体压力（Pa）；T 为附加管容内的气体温度（K）；Z 为气体的压缩因子；M 为气体摩尔质量（kg/mol）。

mt 法高压天然气流量标准装置示意图如图 6-3 所示。

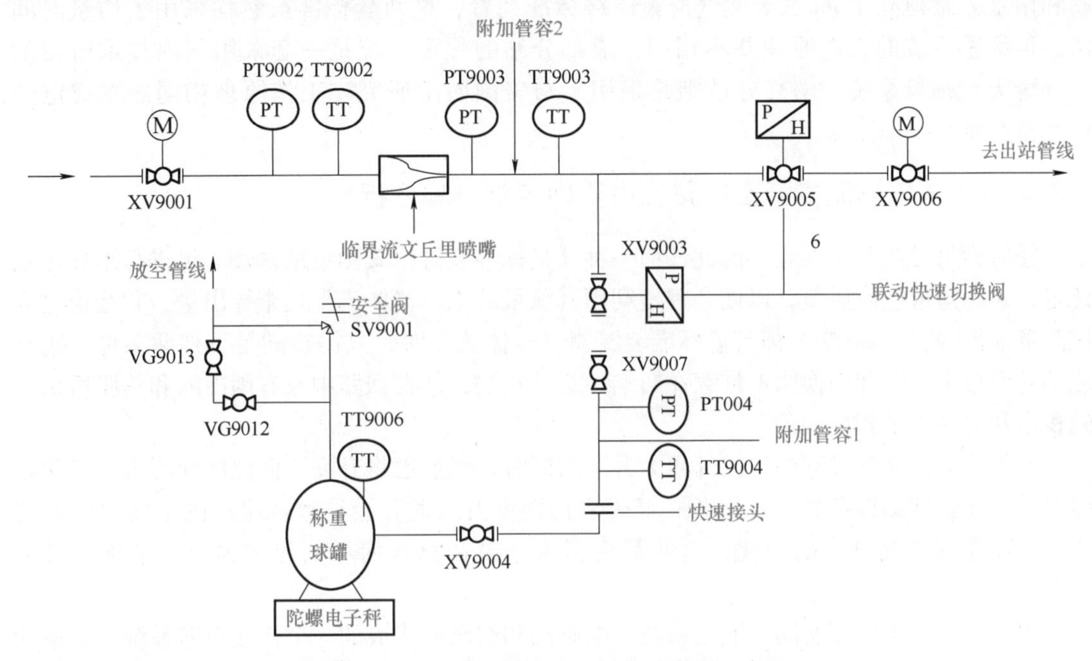

图 6-3　mt 法高压天然气流量标准装置示意图

图 6-3 中 PT 为压力传感器，TT 为温度传感器。

用该装置校准临界流文丘里喷嘴时，先将称重球罐放空，将陀螺电子秤的读数置零，同时获取球罐周围环境温度、压力和湿度等参数，连接快速接头；在测试开始前，快速切换阀 XV9003 关闭，XV9005 全开，天然气流经测试管路里的临界流文丘里喷嘴后进入低压旁通管线，待流动状态稳定后，采集附加管容 1 的压力和温度值，点击开始测试，快速切换阀 XV9005 关闭，XV9003 打开，同时开始计时，使天然气充入球罐内，开始测试；到达预置的测试时间后，快速切换阀再次切换，XV9003 关闭，XV9005 打开，同时停止计时，将天然气切换到旁通管线。测试过程中，附加管容 2 的压力和温度值由系统在开始测试和结束测试瞬间自动采集，然后，关闭 XV9004 后，采集附加管容 1 的压力和温度值，对附加管容 1 氮气置换后，打开快速接头，使球罐和管线脱开，待陀螺电子秤称量值稳定后，获取球罐周围环境温度、压力和湿度等参数，并读取陀螺电子秤的读数，利用测试时间内球罐内天然气质量的变化量，即可计算出天然气的质量流量。

20 世纪 90 年代中期，美国西南研究院研究建立了采用封闭循环工作方式的环道天然气流量标准装置。在环道中建立了 mt 法的高压天然气流量原级标准装置。将临界流文丘里喷嘴作为标准流量计，建立了次级流量标准。在 mt 法原级标准中用高精度陀螺电子称作质量标准，直接复现天然气的质量流量，通过对临界流文丘里喷嘴进行校准，将质量流量传递给次级标准。在 1995 年第三届国际流量测量研讨会上，美国西南研究院发表的论文显示 mt 法高压原级标准装置的最高工作压力可达 10MPa，称重罐的容积为 15.6m^3，称量的天然气质量范围是 1~1000kg，陀螺电子秤的称重分辨率为 10g，质量称量的扩展不确定度为 21g，复现的最大流量为 43.0kg/s，质量流量的扩展不确定度为 0.10%，次级流量标准的扩展不确定度为 0.25%。

我国国内目前天然气流量原级标准装置有 3 套。国家石油天然气大流量计量站成都分站和南京分站建立了 mt 法天然气流量原级标准装置，这两套标准虽然均采用了质量时间法，但称重系统的工作原理并不相同，成都分站的称重系统是一套采用国内技术研发的不等臂天平称量系统，南京分站则是采用了与美国西南研究院工作原理相同的陀螺电子秤称重系统。

6.3.2 mt 法气体流量标准装置流量不确定度影响分析

任何测量必然产生误差，因此任何一种计量标准装置，其测量结果都必须进行不确定度评定，才能知道它的质量，以便合理地利用其测量结果。气体流量是个导出量，它是通过间接测量求得的，用 mt 法气体流量标准装置测量气体流量时，只需要满足下列两条件：①在流动的回路中管道和切换阀不许存在影响计量的泄漏；②在回路中没有因冷缩和热胀所引起的积水和空穴以及相变现象。

称重球罐在充气过程中，内部压力升高的同时，温度也将升高，而温度和压力的变化均能够独立导致球罐体积变化；另外，球壳表面温度升高时，会导致球罐周围空气温度的变化，进而导致空气密度的变化，这些都将影响球罐在充气前后的浮力大小，给称重带来影响。

快速切换阀是由旋塞阀、液压系统、电磁阀和编码器构成的一个快速换向系统。快速切换阀开关切换时，由于受到的压差不同，所以开关行程时间也不同，该时间差将影响装置实际测试时间。

在原级测试过程中，流过被校准临界流文丘里喷嘴的天然气绝大部分充入称重球罐内，还有一小部分存留在附加管容中。附加管容（图 6-3）共有两段，分别称为附加管容 1(V_1)和附加管容 2(V_2)，其中附加管容 1 为称重球罐入口截止阀 XV9004 与联动快速切换阀 XV9003 之间的一段管容，附加管容 2 为被校准临界流文丘里喷嘴尾部与联动快速切换阀 XV9005 和 XV9003 之间的一段管容。附加管容 2 中的温度和压力值是在天然气动态流动状态下测量的，测量结果受变送器动态响应特性的影响而产生一定的测量偏差。附加管容 1 中的温度和压力值是在稳定状态下读取的，其准确度不受变送器仪表动态特性的影响。由温度变送器动态特性造成的附加管容 2 中天然气质量测量的偏差较小；而由压力变送器动态特性所造成的质量测量偏差则较大，需采用响应时间快的压力变送器测量附加管容 2 中的压力，或采取其他措施修正测量结果，以减小偏差。

为了准确测量流经音速喷嘴或次级标准的天然气质量，除准确称量和测量管路附加质量外，杜绝音速喷嘴或次级标准至称量容器之间的非计量漏失，保证流经音速喷嘴的天然气不含有影响装置准确度的固体或液体颗粒，以及其他有害成分等，也是确保天然气流量标准装置达到规定指标的重要方面。为此，需要在相关管路采用泄漏量为零、可检泄的特种阀门。在气质净化处理方面，采用了 4 级过滤、分离、无油增压，分子筛脱硫脱水，碳钢管道、容器内涂特殊材料等多项综合措施，以保证气体的洁净。

流经音速喷嘴或次级标准的天然气流量的稳定性是建立天然气流量量值的关键之一。流

经音速喷嘴或次级标准的流量受滞止压力、温度、相对密度的影响。在最大流量短暂的充气时间内，来自高压储气罐的天然气是相对稳定的。为使温度相对稳定，我们使装置各部分均置于室内同一温度场内，同时采用足够换热面积与大气换热，使气流进入喷嘴前温度基本稳定。稳定音速喷嘴前的压力是稳定流量的主要措施。为此，需要采用中间缓冲容器和多级调节阀组，从而形成满足压力、流量要求的稳压系统，使在充气过程中的压力波动在压力均值的±0.5%以内。

不确定度计算过程如下：

在恒流条件下，测量不确定度取决于式（6-17）中 m 和 t 参数的测量不确定度：

$$q_m = \frac{m}{t} \tag{6-17}$$

根据式（6-17），得到式（6-18）质量流量测量的不确定度：

$$\frac{u_{q_m}}{q_m} = \sqrt{\left(\frac{u_m}{m}\right)^2 + \left(\frac{u_t}{t}\right)^2} \tag{6-18}$$

式中，u_{q_m} 为质量流量测量的不确定度；u_m 为质量测量的不确定度；u_t 为时间测量的不确定度。

1. 质量测量的不确定度

流经音速喷嘴或次级标准的气体质量 m 是由 m_1、Δm_A、Δm_B 这 3 部分组成的。m_1 是称量容器内的气体质量，通过专用电子天平的称量方法确定，采用配衡标准砝码来平衡称量容器内的气体质量，用电磁传感器读数，并进行空气浮力修正，其计算公式如式（6-19）所示：

$$m_1 = m_0 - V_0 \rho_{t,2} + I \tag{6-19}$$

式中，m_0 为所加标准砝码的质量（g）；V_0 为所加标准砝码的体积（cm^3）；$\rho_{t,2}$ 为使用地点的空气密度（g/cm^3）；I 为天平的示值，即前后两次称量的质量差值（g）。

因此，m_1 的测量不确定度如式（6-20）所示：

$$u_{m_1} = \sqrt{(u_{m_0})^2 + (V_0 u_{\rho_{t,2}})^2 + (\rho_{t,2} u_{V_0})^2 + u_I^2} \tag{6-20}$$

标准砝码质量的测量不确定度（置信概率 $P=0.99$）为：

$$u_{m_0} = 0.15\text{g}$$

标准空气密度的测量不确定度（置信概率 $P=0.99$）为：

$$u_{\rho_{t,2}} = 0.12 \times 10^{-3}\text{g/cm}^3$$

以使用 10kg 砝码计算，$V_0 = 1273.89\text{cm}^3$，砝码体积的测量不确定度（置信概率 $P=0.99$）为：

$$u_{V_0} = 10\text{cm}^3$$

天平示值的不确定度（置信概率 $P=0.99$）为：

$$u_I = 2\text{g}$$

计算得到 m_1 的合成不确定度（置信概率 $P=0.99$）为：

$$u_{m_1} = 2.02\text{g}$$

m_1 的估值受多个独立因素影响，且影响大小相近，则假设为正态分布，当置信概率 $P=0.99$ 时，则测量合成标准不确定度计算需包含因子 $k=2.58$，则 m_1 的估算标准不确定度为：

$$u_{m_1}=\frac{2.02\text{g}}{2.58}=0.8\text{g}$$

以使用 10kg 砝码计算，m_1 的测量相对合成标准不确定度为：

$$\frac{u_{m_1}}{m}=\frac{0.8\text{g}}{10\times10^3\text{g}}=0.8\times10^{-4}$$

Δm_A 和 Δm_B 采用 pVTt 法测定，可用下式确定：

$$\Delta m_A=3.48307\times V_A G\left(\frac{P_{A_F}}{Z_F T_{A_F}}-\frac{P_{A_0}}{Z_0 T_{A_0}}\right)$$

$$\Delta m_B=3.48307\times V_B G\left(\frac{P_{B_F}}{Z_F T_{B_F}}-\frac{P_{B_0}}{Z_0 T_{B_0}}\right)$$

式中，Δm_A 和 Δm_B 分别为 A、B 两管道内气体附加质量；V_A 为切换阀至称量容器连接管道的容积；V_B 为音速喷嘴至切换阀之间的连接管道的容积；P_{A_0}、P_{A_F}、P_{B_0}、P_{B_F} 为 A、B 两管道检定开始和结束时气体的相对压力；T_{A_0}、T_{A_F}、T_{B_0}、T_{B_F} 为 A、B 两管道检定开始和结束时气体的热力学温度；G 为天然气密度；Z_0、Z_F 为检定开始和结束时气体的压缩因子。

Δm_A 和 Δm_B 的测量相对标准不确定度为：

$$\frac{u_{\Delta m_A}}{\Delta m_A}=\sqrt{2}\sqrt{\left(\frac{u_{V_A}}{V_A}\right)^2+\left(\frac{u_G}{G}\right)^2+\left(\frac{u_p}{p}\right)^2+\left(\frac{u_T}{T}\right)^2+\left(\frac{u_Z}{Z}\right)^2}$$

$$\frac{u_{\Delta m_B}}{\Delta m_B}=\sqrt{2}\sqrt{\left(\frac{u_{V_B}}{V_B}\right)^2+\left(\frac{u_G}{G}\right)^2+\left(\frac{u_p}{p}\right)^2+\left(\frac{u_T}{T}\right)^2+\left(\frac{u_Z}{Z}\right)^2}$$

根据测试取值，$\frac{u_{V_A}}{V_A}=\frac{u_{V_B}}{V_B}=8\times10^{-3}$

根据规程取值，$\frac{u_G}{G}=7.5\times10^{-3}$

采用 1 级压力变送器，$\frac{u_p}{p}=0.5\times10^{-3}$

采用 0.2 级温度变送器，$\frac{u_T}{T}=0.8\times10^{-3}$

根据规程取值，$\frac{u_Z}{Z}=5\times10^{-3}$

计算得到：

$$\frac{u_{\Delta m_A}}{\Delta m_A}=\frac{u_{\Delta m_B}}{\Delta m_B}=17.1\times10^{-3}$$

使用下限值计算，$\Delta m_A\leqslant40\text{g}$，$\Delta m_B\leqslant60\text{g}$，得到：

$$u_{\Delta m_A}=0.68\text{g},\quad u_{\Delta m_B}=1.03\text{g}$$

合成标准不确定度为：

$$u_{\Delta m_{A,B}}=\sqrt{(u_{\Delta m_A})^2+(u_{\Delta m_B})^2}=1.2\text{g}$$

$$\frac{u_{\Delta m_{A,B}}}{m}=\frac{1.2\text{g}}{10\times10^3\text{g}}=1.2\times10^{-4}$$

由于环境条件等因素变化造成天平“零位”漂移引入的误差，会引起 m_I 测量过程中标准不确定度≤1.5g，其相对标准不确定度为：

$$\frac{u_{m_I}}{m}=\frac{1.5\text{g}}{10\times10^3\text{g}}=1.5\times10^{-4}$$

$$\frac{u_m}{m}=\sqrt{\left(\frac{u_{m_1}}{m}\right)^2+\left(\frac{u_{\Delta m_{A,B}}}{m}\right)^2+\left(\frac{u_{m_I}}{m}\right)^2}=2.1\times10^{-4}$$

2. 时间测量的不确定度

计时器测量的标准不确定度为：

$$u_{t_1}=2\times10^{-5}\text{s}$$

光电角轴编码器输出脉冲开、关计时器引入的误差，其标准不确定度为：

$$u_{t_2}\leqslant2\times10^{-4}\text{s}$$

根据实验测试结果，切换阀开、关造成的时间系统差测量不确定度为：

$$u_{\Delta t}\leqslant7\times10^{-3}\text{s}$$

可得时间测量合成不确定度为：

$$u_t=\sqrt{(u_{t1})^2+(u_{t2})^2+(u_{\Delta t})^2}\leqslant7\times10^{-3}\text{s}$$

按 30s 测量时间计算，时间测量相对合成不确定度为：

$$\frac{u_t}{t}=\frac{7\times10^{-3}\text{s}}{30\text{s}}\approx2.3\times10^{-4}<3\times10^{-4}$$

可得质量流量的测量不确定度为：

$$\frac{u_{q_m}}{q_m}=\sqrt{\left(\frac{u_m}{m}\right)^2+\left(\frac{u_t}{t}\right)^2}=3.11\times10^{-4}<0.1\%$$

按照正态分布，$k=2$，扩展不确定度为：

$$\frac{U_{q_m}}{q_m}=2\frac{u_{q_m}}{q_m}=6.22\times10^{-4}$$

标准装置的安全是至关重要的，要遵循国家有关规定，在爆炸危险场合均需采用防爆电器设备，并根据电子天平称量部分不防爆的实际情况，采用强制通风、可燃气浓度自动检测报警、安全隔离等措施，为保证天平的安全创造了必要条件。同时在工艺管路采取安全防范措施，特别是充气管路上设了确保安全、防止误操作引发意外事故发生的专用截断阀。

简答题

1. 简述流量标准装置的用途。
2. 说明气体标准装置需要达到的要求。
3. 描述静态法和动态法的区别。
4. 列出 pVTt 法的特点。
5. 比较各国高压气体流量标准装置的发展水平。
6. 简述 pVTt 法装置结构和工作过程。
7. 论述 pVTt 法装置误差来源。
8. mt 法气体流量标准装置特点时什么？

9. 论述 mt 法气体流量标准装置误差来源。

10. 描述 mt 法气体流量标准装置结构及工作过程。

第7章

低温流体流量标准装置

7.1 低温流体流量标准装置发展现状

流量标准装置是检定和校准流量计的核心装备，是流量量值溯源最重要的一环。通过测量质量、体积、时间等基本物理量得到流量的值，由原级标准装置复现的流量值依次传递到次级或工作级的标准装置，最后通过检定，传递到现场工作流量计。液氢是低温流体，与水、油等常温流体相比，其流体流量标准装置的设计有所不同，但仍需参考常规低温介质［液氮、液氦、液化天然气（Liquefied Natural Gas，LNG）］的流体流量标准装置，以安全为重心，以高精度为准则。

7.1.1 装置基本原理

典型流体流量标准装置测量原理包括质量法、容积法、标准表法，如图7-1所示。

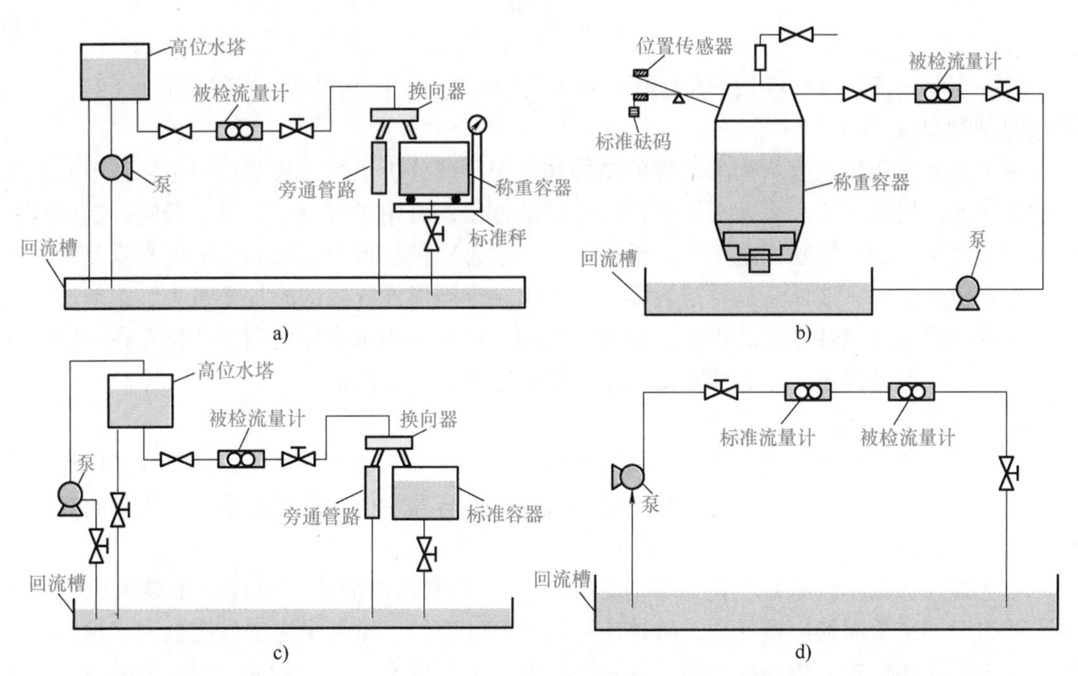

图7-1 典型液体流量标准装置

a）静态质量法流量标准装置典型结构 b）动态质量法流量标准装置典型结构

c）标准容积法流量标准装置典型结构 d）标准表法流量标准装置典型结构

1. 静态质量法流量标准装置

静态质量法流量标准装置典型结构如图 7-1a 所示，其中包含了泵、换向器、称重容器、标准秤及阀门和管路等部分，静态质量法的基本工作原理为：在测试时间内，液体由泵泵入称重容器中，测试时间结束时换向器换向，液体不再进入称重容器，重新由旁通管路返回水池；等待称重容器内液体稳定，由标准秤得到实验前后称重容器的质量差，其与实验时间的比值即为静态质量流量，如式（7-1）所示：

$$q_m=\frac{M_e-M_s}{t_2-t_1} \tag{7-1}$$

式中，q_m 为质量流量（kg/s）；M_e 为在标准秤停止时刻测得的质量（kg）；M_s 为标准秤在初始时刻测得的质量（kg）；t_1 为初始时刻时间点（s）；t_2 为终止时刻时间点（s）。

由上述静态质量法流量标准装置的结构和工作原理分析可知，由于质量和时间测量的稳定，称量时无机械连接，测量干扰因素较少，因此基于静态质量法的流量标准装置具有很高的测量精度和重复性。然而，静态质量法检验过程需要连带称重容器一起称重，对标准秤的精度和量程具有较高的要求。此外，静态称重的测试时间较长，不适用于要求快速测量的场合。

2. 动态质量法流量标准装置

动态质量法流量标准装置操作方便，可用于需要快速校准流量计的场合。其典型结构和工作原理同静态质量法流量标准装置的类似，但不再需要换向器，如图 7-1b 所示。

在测试时间初始时，记录称重容器初始质量，实验开始后，计时器开始工作，液体由泵泵入称重容器中，当收集的液体达到预设的终止质量，计时器停止工作，以记录时间内称重容器收集到的净质量 M 来复现动态质量流量，具体见式（7-2）：

$$q_m=\frac{M}{t_2-t_1} \tag{7-2}$$

式中，q_m为质量流量（kg/s）；M 为预设采集质量（kg）；t_1 为初始时刻时间点（s）；t_2 为终止时刻时间点（s）。

由上述动态质量法流量标准装置的结构和工作原理分析可知，检测过程中液体不间断流入称重单元，校验时间大大缩短；管路结构简洁方便，可用于有毒、高温、低温、高压等特殊和极端情况下的校验和标定工作。低流速下，动态质量法可获得较高精确度和重复性。然而，在大流速下时，液体流入称重容器内会产生一个因惯性导致的附加质量力，影响测量精度。此外，因系统惯性滞后的影响，标准秤的输出信号与称重容器的质量变化存在一定的误差。因此，一般情况下，动态质量法的精度略低于静态质量法的。

3. 标准容积法流量标准装置

容积法流量标准装置的系统与结构同质量法流量标准装置的相类似，前者只是以标准容器替代称重的标准秤，测量实验过程中液体流入标准容器中体积的增加量，与测量时间的比值即为体积流量。

静态容积法的工作原理与静态质量法的类似，在测试时间内，液体由泵泵入标准容器中，测试时间结束时换向器换向，液体不再进入标准容器，重新由旁通管路返回水池；等待标准容器内液体稳定，由标准液位计测量得到实验前后标准容器内的液位差，即可得到标准容器内的液体体积增加量，其与实验时间的比值即为静态体积流量具体见式（7-3）：

$$q_V=\frac{V_2-V_1}{t_2-t_1} \tag{7-3}$$

式中，q_V为质量流量（m^3/s）；V_1 为标准容器初始体积（m^3）；V_2 为标准容器终止体积（m^3）；t_1 为初始时刻时间点（s）；t_2 为终止时刻时间点（s）。

静态容积法在实验中使用方便、易于操作，但往往适用于低密度的流体，且仅适用于分辨率较高的流量计。

4. 标准表法流量标准装置

标准表（即标准流量计）法的基本原理为在同一时间间隔内，通过比较串联在同一管道上的标准流量计与被检流量计的流量示值，进而确定被检流量计的计量性能，如误差大小和方向，判断被检流量计是否符合规定的精度要求，如图 7-1d 所示。该装置主要由流体源、试验管路、标准流量计和被检流量计组成。利用此方法检定时，流体流动应该是稳定的单相流动，一条试验管路可以用一台或多台标准流量计，流量计前后直管段要符合要求，温度、压力和调节阀位置应该在流量计下游。标准流量计应具有较高的精度和稳定性要求，其测量结果要符合国家或行业标准规定的条件。

7.1.2　发展概况

目前，国内外学者主要集中在常温流体流量标准装置的研究上，而对低温流体流量标准装置的研究相对较少。液氢、液氮、LNG 等低温流体，普遍具有低密度和低黏度的物理特性，因此使用水代替低温流体进行流量计校准会导致存在难以忽略的误差。例如，某研究者发现其所校准的直径为 8in（1in=2.54cm）涡轮流量计在水中线性范围为 10∶1，但在液氢的上限校准点处校准常数急剧下降约 25%。某实验室发现该涡轮流量计在水和液氢工况下平均误差约为 1.1%。此外，低温流体的特殊性质对流量标准装置的流体驱动方式、换向器、绝热方式、密封结构以及安全系数等要求更为严格，这也是低温流体流量标准装置研发中所面临的重大挑战。

当前，对于低温流体流量标准装置的研究主要基于质量法和容积法这两种测量原理。然而，鉴于低温流体的特殊物理性质，部分装置对测量原理进行了替代性的设计，以期在低温流体流量计量方面获得同样的准确性。表 7-1 汇总了国内外现有的低温流体流量标准装置。

表 7-1　国内外现有的低温流体流量标准装置

序号	建成时间/年	机构	工作介质	方法	工作温度/℃	流量范围/(kg/s)	不确定度
1	1960	美国国家航空航天局（NASA）	液氢	容积法	−253～−251	0.022～0.45	0.25%
2	1974	荷兰中央技术研究所（TNO）	液氢	质量法	−253～−251	<1.062	0.40%
3	2014	日本京都大学（Kyoto University）	液氢	质量法	−252～−249	—	—
4	1960	美国国家航空航天局（NASA）	浆氢	容积法	−253～−240	—	2.00%
5	2004	日本东北大学（Tohoku University）	浆氢	容积法	−253～−240	—	—
6	2012	荷兰国家计量院（VSL）	LNG	质量法	−175～−123	0.625～3.12	0.15%

（续）

序号	建成时间/年	机构	工作介质	方法	工作温度/℃	流量范围/(kg/s)	不确定度
7	2018	荷兰国家计量院（VSL）	LNG	标准表法	-175~-123	0.625~25	0.17%
8	2018	中国测试技术研究院（NIMTT）	液氮/LNG	质量法	—	0.16~1.33	0.20%
9	2007	欧洲核子研究中心（CERN）	液氦	容积法	-271~-269	<0.008	1.51%
10	1970	美国国家标准与技术研究院（NIST）	液氮	质量法	-193~-183	0.95~9.5	0.50%
11	2017	爱默生过程控制有限公司（EMERSON）	液氮	质量法	-195~-185	0.75~2	0.11%
12	2017	爱默生过程控制有限公司（EMERSON）	液氮	标准表法	-195~-185	0.75~2	0.16%

各机构低温流体流量标准装置的不确定度对比情况如图7-2所示。其中浆氢为液态氢和固态氢的混合物。从图中可以看出，目前已公开的低温流体流量标准装置不确定度最高可达到0.11%（$k=2$）。与常温流体相比，目前低温流体流量标准装置的研究还处于发展初期，仍面临着如低温流体闪蒸、驱动方式、绝热与防爆、计量精度等方面的巨大挑战。

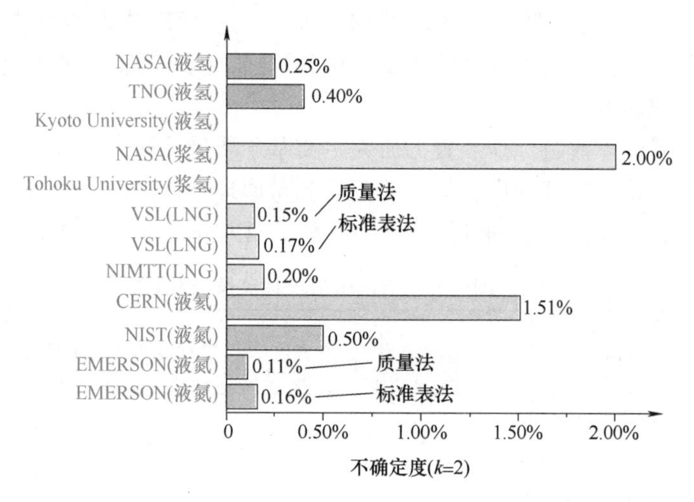

图7-2　各机构低温流体流量标准装置的不确定度对比情况

7.2 深冷介质流量计量标准装置

7.2.1 深冷液氢流量标准装置建立的必要性

目前氢能产业的研究主要集中在制氢、储氢、输氢等氢能装备的产品研制以及燃料电池等方面，而对氢产品流量测量及其标准装置等方面的关注较少，尤其缺乏成熟的液氢

流量计量和标定装置。到目前为止，国内外可以直接用于测量深冷液氢的流量计屈指可数，完善的氢流量计量体系和规模化的氢流量计量产业仍亟待发展，以满足氢能产业的战略发展需要。

液氢流量标准装置是检定和校准液氢流量计的核心装备，是液氢流量溯源链上的关键一环。由于液氢是低密度、低黏度流体，采用常温流体或者液氮等低温流体对液氢流量计进行检定时，会存在不可忽略的误差。例如，采用液氢和水对涡轮流量计进行标定时流量校准系数 C 的变化，如图 7-3 所示，采用水标定时的结果与直接用液氢标定时的结果在较大流量时精度可以保持在 1.5%以内，但是在小流量时由于液氢的低黏度和低密度效应会直接导致叶轮轴承的摩擦力占据主导，造成流量校准系数的迅速下降。

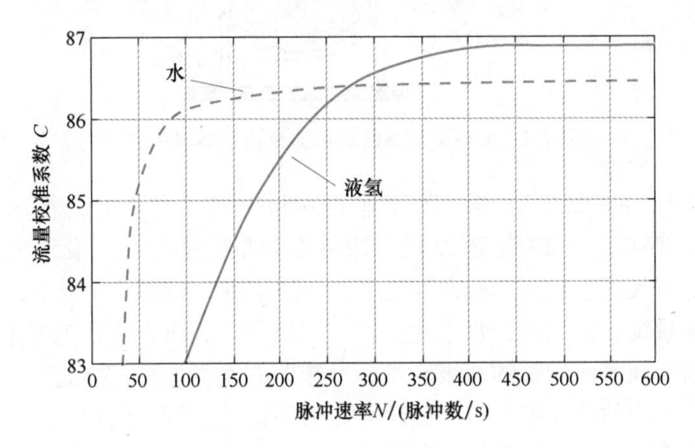

图 7-3　采用液氢和水对涡轮流量计进行标定时流量校准系数 C 的变化

7.2.2　液氢流量检定标准装置

在 20 世纪 50 年代至 60 年代初，美国国家航空航天局（National Aeronautics and Space Administration，NASA）基于容积法建立了一套液氢流量检定标准装置，如图 7-4 所示，此装置可实现质量流量在 0.023～0.45kg/s 范围内的检定，且校准误差约为 0.25%（$k=2$）。该装置在绝热方面进行了特殊设计，主要由等体积液氢同心罐、真空层和液氮层组成，较大程度上确保了装置温度的稳定性。液氢（LH_2）罐与液氮（LN_2）罐悬挂在由铝箔缠绕的低传导支架上，可最大限度地减少辐射热传递。该装置利用气体加压来驱动储罐内的低温流体，流经传输管路和被检流量计测试段输送至接收罐中。通过液位传感器测量储罐内液氢液位差，并结合伽马射线衰减与电容密度计所测的密度变化，可完成对被检流量计的体积流量检定与校准。

在检定过程中，供应罐内的液氢在冷氦气加压下，由底部扩散器流入被检流量计测试段至收集罐内。通过浮子与密度计测量供应罐内液氢液位和密度变化，结合测试段的压力和温度变化量进行修正，实现流量计的检定与校准。

由测试发现，装置完成包括预冷、抽真空等操作在内的一次完整校准需要约 2h 的运行时间，这也间接地印证了液氢流量计量的超高难度和超高要求。该装置消除了此前流量计校准中的最大误差来源，即在校准期间保证了液氢的恒定、均匀以及单相流状态。但是，其中用于测量温度的碳电阻器在现场应用时最大误差可能会达到读数的 1%，而在实验室中长时间保持在液氢温度下误差才可小于读数的 0.5%。

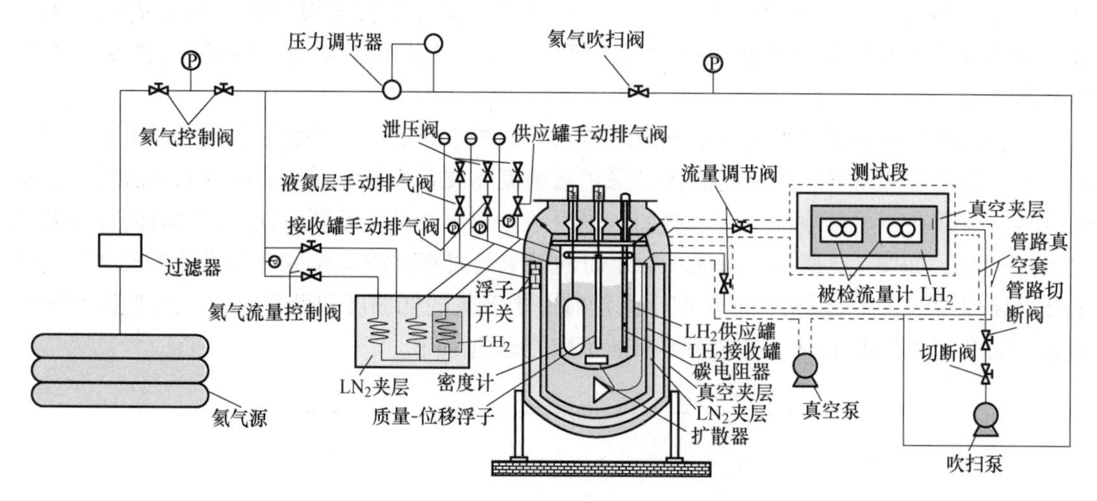

图 7-4　NASA 研制的液氢流量检定标准装置

为保证 ELDO Europe Ⅲ发射器开发计划的顺利完成，荷兰中央技术研究所（Central Technical Institute，TNO）于20世纪70代采用静态质量法搭建了一套液氢流量检定标准装置，此装置实现了对最大直径为2in的涡轮流量计的校准。如图7-5所示，装置主要由氦气源、供应罐、称重系统、接收罐、真空测试段、流量调节阀与管路系统等组成。其中称重系统采用了不同于荷兰国家计量院的初级流量标准装置的寄生力修正措施，由一个连接至称重平台且完全浸没在油中的浮子配合校准砝码与压力平衡波纹管共同构成，在补偿称重罐内压力的同时可对称重系统进行自校准。该装置与 NASA 装置的相似之处在于同样采用了预冷操作和氦气加压驱动。然而，其绝热方式方面仅使用了真空隔热层，这与 NASA 装置相比略显逊色。

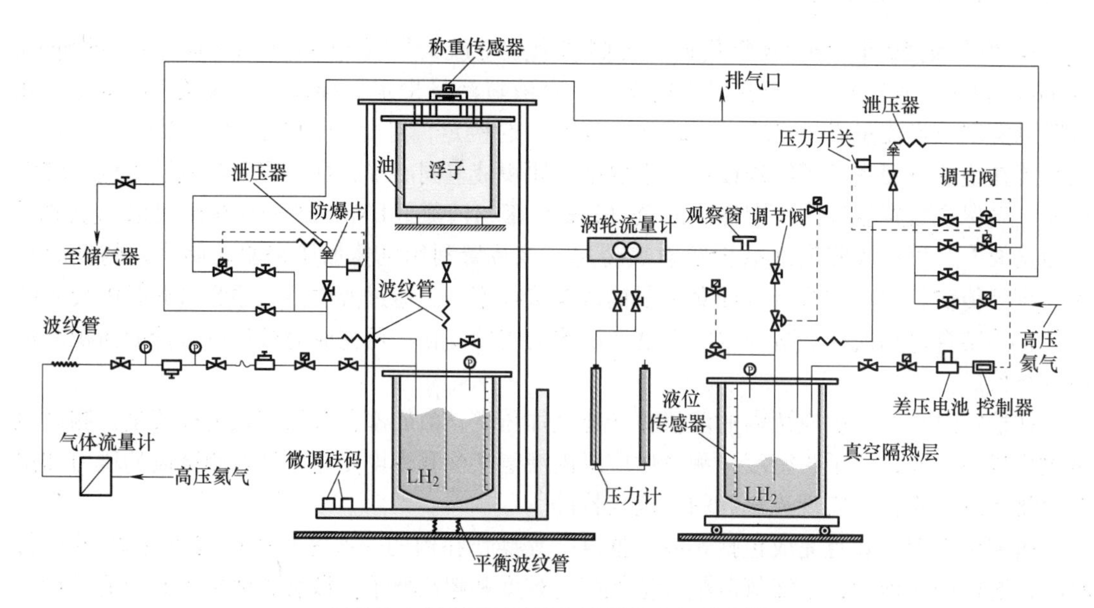

图 7-5　TNO 研制的液氢流量检定标准装置

在检定开始时，供应罐内的液氢在氦气加压下开始流动的同时触发计数器开始计时，

液氢流经真空测试段被检流量计后注入接收罐内。通过供应罐内液氢质量差与检定时间间隔计算质量流量，从而完成流量计的检定与校准。该装置测量不确定度约为0.4%（$k=2$），其主要的不确定度分量源于静态质量及液氢密度测定误差，且较为意外的是在实际加注过程中发现储罐内的液位传感器响应速度并不理想，导致其无法作为结束测试的指示器。

日本京都大学的学者为校准所研制的液氢热式流量计，搭建了如图7-6所示的液氢流量检定标准装置（质量法）。与常规标准质量法装置不同的是，该装置的标准流量取自于测量周期内液氢罐内质量下降速率。此装置主要由主低温罐、副低温罐（接收罐）、电子天平、氢气源以及管路系统等组成。在检定过程中，氢气源向主低温罐注入氢气加压驱动液氢经过被检流量计和流量调节阀CV001流向副低温罐，而副低温罐内的压力则保持为大气压强，利用置于主低温罐下方的高精度电子天平测量质量流量速率。与欧洲核子研究中心液氦流量检定标准装置类似，该装置将被检流量计置于液氢供应罐内，较大限度保证了测试段的绝热性能。然而，此装置主要用于实验室条件下校准液氢热式流量计，其现场检定和校准性能尚未得到验证。

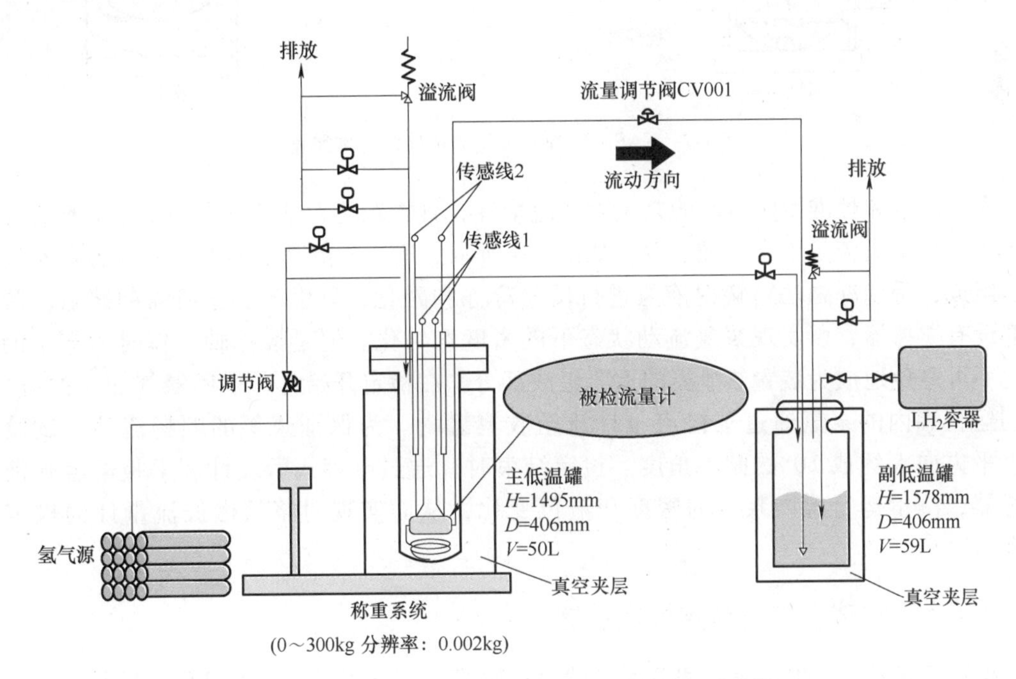

图7-6　日本京都大学研制的液氢流量检定标准装置

浆氢是一种由液态氢和固态氢颗粒组成的固液两相低温混合流体，相较于液态氢，其密度和比热容较高而焓值较低，从而绝热要求也较低，在航空燃料、火箭推进剂等领域有着广泛的应用前景。

如图7-7所示为NASA研制的浆氢流量检定标准装置，该装置以液位法所确定的体积流量为参考流量，对流量传感器进行了评估，其中边界层流量计指基于边界层产生固定温差所需的热量来确定质量流量的量度，结果表明该传感器在浆氢的流量测量中效果较佳，无须进行多余的温度修正。微波耦合器则利用流动浆氢反射微波信号的多普勒频移来测量流量，其对液体流动状态的监测极为敏感。该装置的不确定度约为1%~2%（$k=2$）。

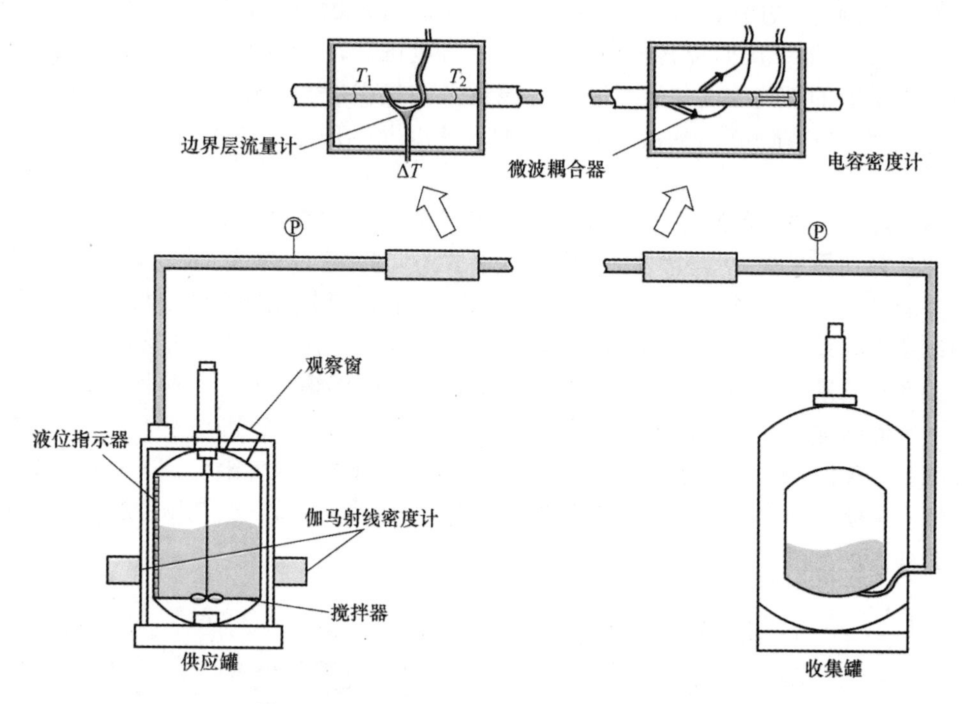

图 7-7　NASA 研制的浆氢流量检定标准装置

为了检定和校准团队研发的浆氢微波流量计，日本东北大学的学者们基于标准容积法研制了一套浆氢流量检定标准装置，如图 7-8 所示。运行罐由真空容器、液氮容器和液氢容器组成，采用冻融法对罐内液氢进行反复冷冻和融化，以生产实验所需的浆氢。装置内部设有搅拌器，以实现浆氢流动状态下的密度均匀化。但是搅拌轴工作时所产生的热量也不可避免地成为装置热泄露的重要组成部分。在检定开始时，采用氦气加压的方式，驱动运行罐内的浆氢通过被检流量计流至收集罐内。为保证浆氢的顺畅流动，试验段与水平方向大约成 10°的倾斜角度。检定结束时，通过电容式密度计和平板电容式液位传感器，测量运行罐内浆氢的密度和液位变化，从而实现对浆氢微波流量计的检定和校准。

7.2.3　液氮和液氦流量检定标准装置

相比于液氢和 LNG，液氦和液氮虽然具有较高的安全系数，但其低温、低黏度及低密度的物理特性对测量原理、绝热方式、结构设计等方面仍有较高要求，以确保装置长期在低温环境下的可靠运行。

在 20 世纪 60 年代，美国国家标准与技术研究院（National Institute of Standards and Technology，NIST）研制了一套液氮流量检定标准装置（图 7-9）。该套装置采用动态称重替代法对流量计进行校正，装置由供给罐、称重罐、称重传感器、热交换器、增压泵等组成，通过冷却器进一步降低介质温度，以消除系统和增压泵的热量，确保装置可持续工作。称重罐的嵌套设计优化了由系统漏热导致液氮相变所引起的称重误差，同时称重系统中的标准砝码会定期重新评估称重传感器的灵敏度，以确保其精度正常。在 0.95~9.5kg/s 流量范围内，该系统的质量流量不确定度可达到 0.17%（$k=2$）。

在检定开始时，关闭称重罐底部阀门，在达到第一预设质量时起动计时器。随着增压泵的驱动，液氮通过测试段中的被检流量计并进入称重罐。当达到第二预设质量时检定结束，称重罐底部阀门打开使液氮流入收集罐，装置恢复自循环状态。通过称重系统示值差和检定时间间隔计算质量流量，完成流量计的检定和校准。

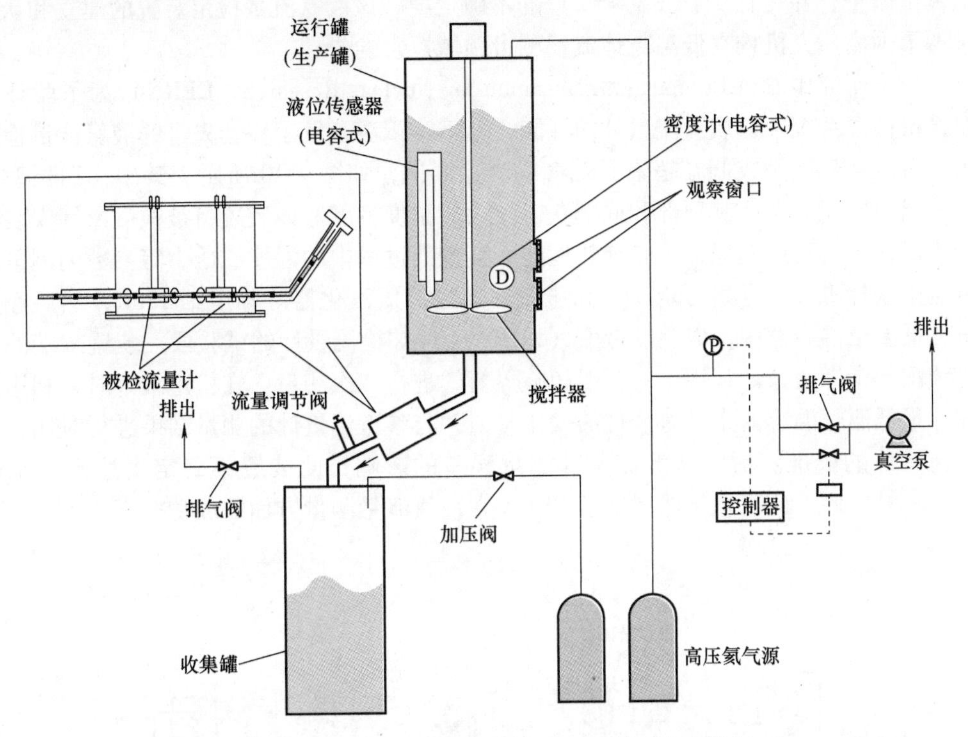

图 7-8　日本东北大学研制的浆氢流量检定标准装置

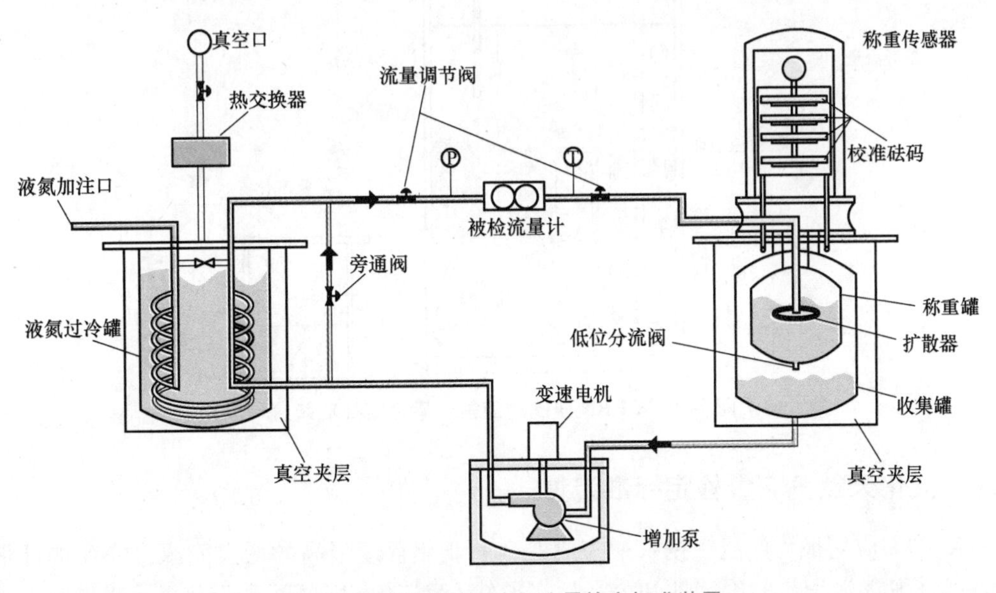

图 7-9　NIST 研制的液氮流量检定标准装置

中国南京艾默生过程控制有限公司于 2017 年建立了两套先进的液氮流量检定装置。该公司成功地应用质量法和标准表法两种方法，为液氮流量检定提供了可靠而精确的流量测量解决方案，并取得了荷兰国家计量院的 CMC 认证。其中，质量法具有出色的测量精度，不确定度仅为 0.11%（$k=2$）。而标准表法则覆盖了较大的流量范围，适用于 45～120kg/min 的液氮流量测量，并具有 0.16%（$k=2$）的不确定度。该液氮流量检定装置的建立和认证进一步证明了国内研究机构在低温流体流量测量领域探索的成功。

欧洲核子研究中心（European Organization for Nuclear Research，CERN）为了验证大型强子对撞机低温系统中氦质量流量计的性能，基于容积法开发了一套先进的液氦流量检定标准装置，可以实现液氦或低温超临界氦气的流量测试，如图 7-10 所示。其中，细长型结构的低温恒温容器能够保证其顶部和底部获得较大的温度梯度。该装置将被检流量计安装在低温容器内部，较大程度上保证了其绝热性能，且校准过程中的温度、压力等参数的测量均可以溯源至国家标准。在开始检定时，高压氦气通过液氮汽化器冷却至约 120K，然后经加压管路进入低温恒温容器中，以驱动液氦（LHe）流经被检流量计的试验段。装置末端的真空绝缘管线配备参考流量计，用于对低温超临界氦气进行二次测量。在检定结束时，利用液位传感器测量低温恒温容器中液氦液位的变化量，并与参考流量计的测量结果进行对比，完成对被检流量计的校准。由于参考流量计测量误差的影响，此装置不确定度达到了 1.51%（$k=2$）。尽管如此，此装置仍然展示了 CERN 在液氦流量测量方面的成功探索。

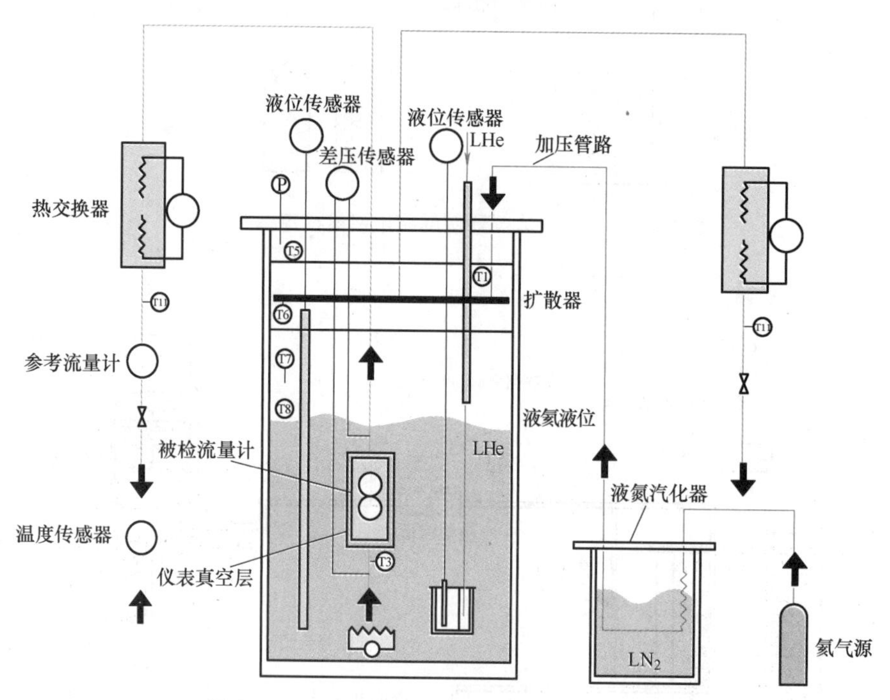

图 7-10　CERN 研制的液氦流量检定标准装置

7.2.4　液化天然气流量检定标准装置

LNG 作为应用最为广泛、技术最为成熟、商业化程度最高的低温能源，LNG 的计量准确性决定了其能源贸易的确定性和公平性。虽然 LNG 的温度区间高于液氢、浆氢，但其易燃易爆的特性同样也对流量标准装置的设计提出了相当高的要求。

荷兰国家计量院（Netherlands National Institute of Metrology，VSL）于 2012 年采用静态质量法设计并搭建了一套初级 LNG 流量检定标准装置，如图 7-11 所示。该装置是世界上第一套以 LNG 作为工作介质的流量检定标准装置，其 LNG 实流测试的不确定度达到 0.12%～0.15%（$k=2$），对完善 LNG 流量计量标准具有重要意义。装置由供给罐、称重罐、低温泵、称重系统、系统管路等组成，主要用于校准具有溯源功能的标准流量计。其中，称重系统采用了半自动自校准结构不断进行校准和修正以保证测量精度。同时，低温储液罐与称重容器的气相管路相通可实现气枕压力的平衡，并利用气体流量计测量天然气质量，方便对检定阶段所得质量流量进行修正。

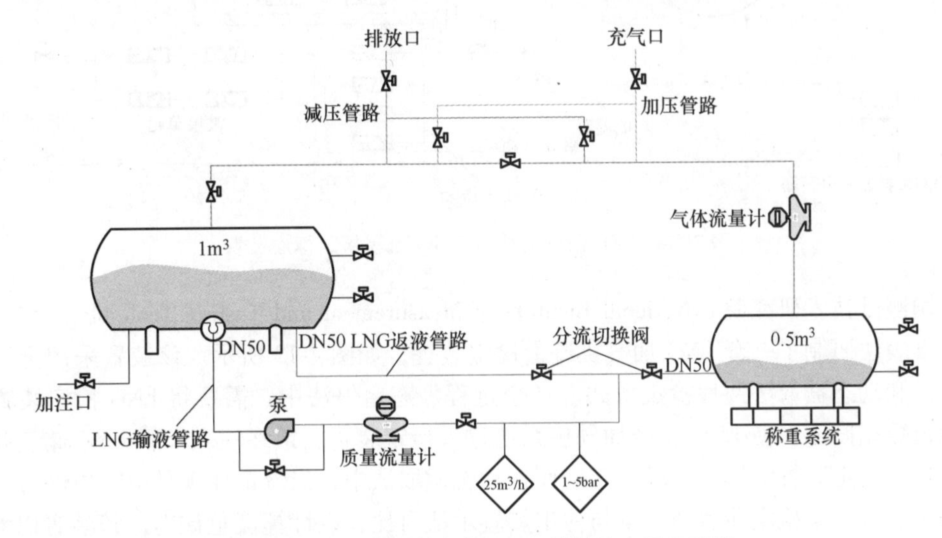

图 7-11　VSL 研制的初级 LNG 流量检定标准装置

在检定开始前，装置采用自循环的方式，通过低温泵驱动 LNG 流经被检流量计再返回至供给罐，需对装置预冷并稳定流体流速。当条件稳定时，利用液相管路处的快速切换阀将流量分流至称重罐内，实现被检流量计的检定与校准。该装置对称重系统寄生力、LNG 闪蒸相变、时间戳等主要不确定度分量进行了修正，进而提高了其测量精度。

此外，VSL 对装置的不确定度进行了分析，其中最关键的因素是作用在平衡系统上的非稳态寄生力、置换蒸气校准、补偿管容体积以及称重计时点等。此装置可实现小流量范围内的 LNG 流量检定，目前 VSL 正据此开展并联多台装置实现大流量下的检定实验，并进行水和液氮流量替代实验，探索替代工质流量与 LNG 实际流量间的补偿关系。

2018 年，VSL 在初级流量检定标准装置的基础上，基于标准表法建立了世界上第一个中级 LNG 测试检定装置，流量范围从初始的 5～25m^3/h 扩展至 200m^3/h，其在 150m^3/h 下 LNG 实流测试的不确定度达到了 0.17%（$k=2$）。如图 7-12 所示，该测试装置可利用初级流量检定标准装置自行校准一级标准回路（Primary Standard Loop，PSL）工作段的科里奥利质量流量计。PSL 用于为中级标准回路（Mid-Scale Loop，MSL）提供校准操作，其中 MSL 工作段由冷箱中的 4 个科里奥利质量流量计组成。

在 PSL 与 MSL 工作段校准完成后，该装置可以运行于另一种模式。在该模式下，PSL 工作段处于独立状态，并不参与检定工作。储罐内液氮经由低温泵驱动通过热交换器过冷后流向测试段，完成被检流量计检定后再次返回低温泵，形成一个循环流动，其中双冷箱结构进一步减少了标准回路的漏热。该装置设计的校准系统为大流量下 LNG 流量量值的传递与溯源提供了技术支持。

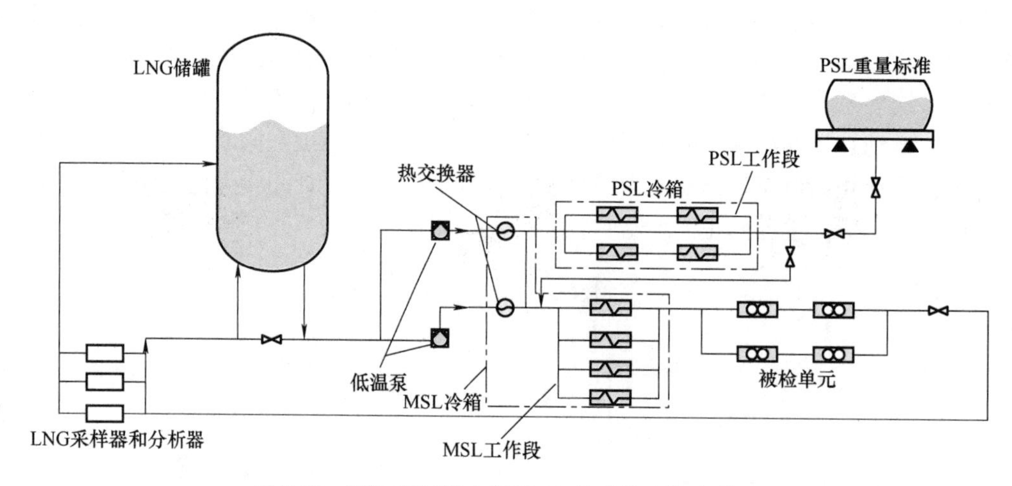

图 7-12　VSL 研制的中级 LNG 流量检定标准装置

中国测试技术研究院（National Institute of Measurement and Testing Technology，NIMTT）基于标准表法研制了一套 LNG 加气机流量检定装置，如图 7-13 所示。该装置采用全过程静态启停法和动态截取法两种检定方式。在全过程静态启停法中，需要将 LNG 检定装置和加气机示值数据归零，使 LNG 流经加气机系统进入检定装置，最终注入车载 LNG 储气瓶，对比加气机与检定装置示值后完成检定。而在动态截取法中，当流量计满足检定条件时，采用数据采集装置记录检定前后加气量与检定装置示值对比，以计算流量误差。该装置以液氮为工作介质对静态启停法、以 LNG 为工作介质对动态截取法进行了实测，其扩展不确定度约为 0.2%（$k=2$），但其中动态截取法的测试只选取了流量最稳定状态，因此还存在一定的测量局限性。该设施作为国内第一套 LNG 加气机流量检定装置，可对 LNG 加气机、液相质量流量计和气相质量流量计进行同步检定，为我国 LNG 加气机检定规程的编制提供了技术支撑。

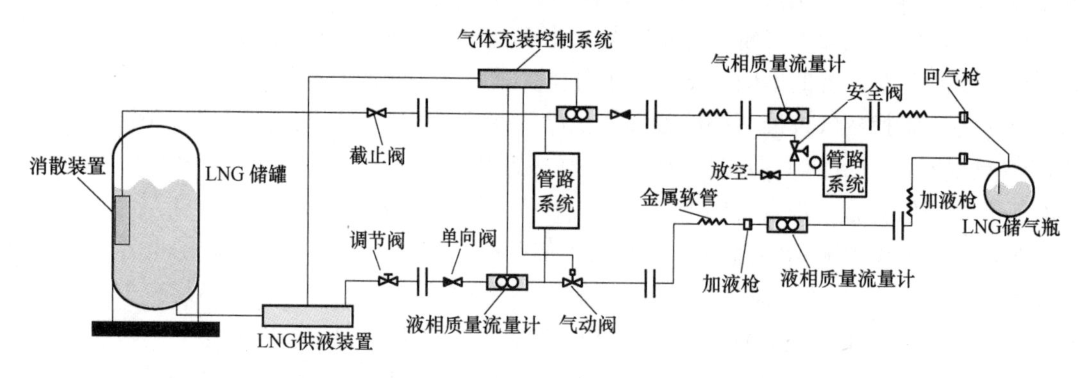

图 7-13　NIMTT 研制的 LNG 加气机流量检定装置

简答题

1. 描述低温流体流量标准装置的特点。

2. 静态质量法和动态质量法流量标准装置的工作原理有什么不同？对测量误差有什么影响？

3. 用于深冷低温流体流量标准装置的介质有哪些？

4. 简述世界各主要计量机构深冷低温流体流量标准装置的发展状态。

“铁人”
王进喜的笔记本

大庆精神

科学家精神

第 8 章

加氢站

8.1 加氢站发展现状

根据国际能源署《全球氢能评论 2023》数据，截至到 2023 年 6 月，全球范围内，已有约 1100 座加氢站投入运营，而且还有数百座加氢站已在规划中。在现有加氢站中，中国拥有超过 300 座，欧洲约有 250 座，韩国和日本各有约 180 座。鉴于燃料电池汽车数量增长速度较快，美国燃料电池汽车与加氢站的比例稳步增加，截至 2023 年 6 月基本达到每个站点 240 辆车。自 2019 年以来，韩国每个站点的燃料电池汽车数量保持在 140~200。其他主要市场（即中国、日本和欧洲）每个加氢站的燃料电池汽车数量都不到 50 辆。

欧盟发布的《替代燃料基础设施法规》要求从 2030 年起，全欧洲交通网络内所有的城市节点和每 200km 距离都必须建设加氢站。在该项法规的支持下，欧洲计划扩展其加氢站网络以满足日益增长的燃料电池货车的需求。国际能源公司道达尔能源和法国液化空气集团正在组建一家合资企业，欲在法国、比利时、荷兰、卢森堡、德国建设超过 100 座适用于重型货车的加氢站。德国的加氢站运营商（H_2 Mobility）目前已有 90 余座加氢站，计划到 2030 年将其加氢站网络扩展一倍以上，在德国和奥地利增加 210 座站点。与此同时，意大利将资助建设 36 座加氢站。然而，欧洲某些国家加氢站部署出现了倒退现象，壳牌公司关闭了英国的 3 座加氢站。

美国的氢燃料和电动货车制造商尼古拉（Nikola）公司获得了近 4200 万美元的资助，用于在加利福尼亚州建设 6 座加氢站，每座站点能够为 80~100 辆货车提供燃料。在 2023 年，尼古拉公司还推出了一款 70MPa 的移动加氢装置，具有近 1t 的储氢量。

近年来，加氢站网络在亚洲的扩张势头最为强劲。韩国和美国合资建立了 SK Plug Hyverse 公司，计划在韩国建设约 40 座加氢站。在国家和地方一系列鼓励政策加持下，我国多个省市都发布了加氢基础设施的布局规划，到 2025 年，上海市目标建成 70 座加氢站，广东省规划了超 200 座加氢站，浙江省力争建设 50 座以上加氢站，基本建成市域、城区 100km 辐射半径的加氢网络。

8.2 加氢站布局

从概念上讲，加氢站与常见的液化石油气或天然气的加气站设施没有太大区别。氢气像其他燃料一样储存在加氢站的储罐中，随后由加氢机直接加注到车辆储罐中。氢燃料电池公共汽车的加氢时间大约是 15~20min，而对于一辆续驶里程 400~500km 或者续驶里程更高的小汽车来说，加氢时间大约是 3~5min。与传统液化石油气加气站、天然气加气站相比，加

氢站可能配备了站内制氢系统，从而减少由于氢燃料运输所产生的排放量。加氢站可以根据氢供应链和氢储存的状态进行分类，加氢站的主要类型如图 8-1 所示。

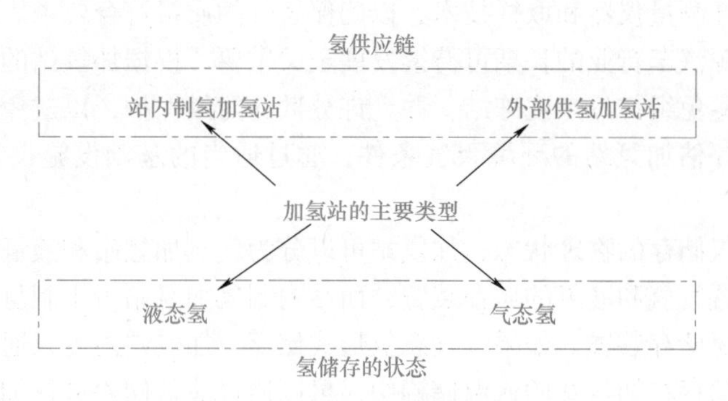

图 8-1 加氢站的主要类型

根据氢供应链（即氢燃料的生产地）可以将加氢站分为：外部供氢（非现场）加氢站和站内制氢（现场）加氢站。外部供氢（非现场）加氢站的氢燃料在站外制氢工厂生产，随后通过各种方式运输到加氢站并储存，而站内制氢（现场）加氢站的氢燃料则直接在加氢站现场生产、储存。某些加氢站将两者结合起来，以解决现场制氢系统产量小导致供氢不足的问题。

外部供氢加氢站设施包括从制氢工厂到加氢站的氢供应装置。氢燃料是在站外工厂生产的，然后通过管道系统、罐车或其他恰当的运输方式供应给加氢站。对于公路运输来说，长管拖车内的气氢压力将高于 18MPa，而液氢运输车则需要使用特殊的储罐来维持-253℃的低温，可以看出液氢的运输比气氢需要更高的成本，因此，规模较小的加氢站通常采用气氢运输。气氢运输通常将氢燃料储存在高压气瓶中（18MPa 以上），由长管拖车运输。对于更严苛的应用，则使用拖车在高达 50MPa 的压力下运输氢气，以确保运输能力。管道输氢的优势是运输成本最低，并且管道运输也能够减少由于氢气运输而产生的排放，然而，此方法中基础设施建设的巨大初始成本造成了管道输氢系统的发展障碍。

大多数加氢站通过中间冷却和多级压缩机单元将氢气储存在 5~20MPa 的储罐内。在氢气从储罐流向压缩机的过程中，低压或中压储罐的压力降低，压缩机进口和压缩机出口之间的压力差增大，压缩机所需的能量也随之增加。考虑到效率和材料的兼容性，压缩模块是加氢站中技术要求和投资运营成本的关键要素。由于在加氢过程中不可避免地会出现压力损失，因此，为了能够给燃料电池汽车车载储罐加注氢气，高压储罐的工作压力需要高于目标压力。

站内制氢加氢站的氢气储氢、加注过程与外部供氢加氢站的相似，但在氢气供应方面有所不同，站内制氢加氢站的氢燃料是在加氢站现场生产的。与非现场生产的外部供氢加氢站相比，现场制氢系统的供氢能力有限，通常在 0.1~1t/天，这由制氢系统的最大流量决定。目前，大多数加氢站现场制氢系统的产量约为 0.1t/天，不超过 0.5t/天。

甲烷蒸汽重整和水电解是加氢站现场制氢系统最常用的两种氢气制备方法。这两种技术产生的氢气可能含有杂质，需要安装氢气纯化设备提高氢气纯度，以满足燃料电池汽车的要求（纯度高于 99.97%）。除了电力需求外，这两种制氢方式都需要提供去离子水。此外，制备的氢气压力相对较低，需要用到中间储罐。

除去制氢环节需要的设备，不同类型加氢站在氢加注过程所需的装置是相同的，包括压缩氢气所需的压缩机、储存压缩气体或液体中的氢气的储罐、制冷（预冷）装置、安全设备、加氢机等。

此外，在加氢站的设计中，安全距离的设定必不可少。必须根据加氢站的布局和配置进行评估，并谨慎选择测量仪器和取样技术，以确保氢气的质量符合要求。其中，测量误差的评估能力对于氢能源汽车行业的长期可持续发展至关重要。根据加氢站的建设位置，还需考虑适当的防护结构避免组件过热或冻结，并允许分散的防风保护，以避免氢气排放过程中的重大风险。还必须评估加氢站的环境天气条件，通过适当的基础设施设计解决潜在的风险问题。

根据加氢站内氢储存的物理状态，加氢站可以分为气氢加氢站和液氢加氢站。外部供氢加氢站可以同时配置气氢和液氢的储存装置，而站内制氢加氢站由于制氢系统生产的是气态氢，通常只配置气氢储存装置。如果以气态氢形式储存，加氢站内可以通过长管拖车或管网供应，而液氢需要储存在加氢站的低温储罐中，可以通过液氢储罐进行加氢。目前，大多数气氢加氢站每天的加注量可以达到 100~500kg 的气氢，而由于氢在液体形式下的密度更高，液氢加氢站每天的加注量可以超过 1000kg 的液氢。

8.2.1 气氢加氢站

气氢加氢站的氢燃料通常通过长管拖车或通过现场制氢装置供应。长管拖车可以向加氢站供应 250~1000kg 中等压力 20~50MPa 的气氢。加氢站的现场制氢装置，即电解槽和甲烷蒸汽重整系统等，生产的氢气压力大约 2~3MPa。目前，生产更高压力氢气的新型电解槽试验装置正在研发中。随着氢经济的全面发展，未来氢气的供应、分配将采用管网方式，站内制氢系统将可以供应 2~8MPa 的气态氢。

气氢加氢站通常采用高压压缩机（机械增压器或隔膜压缩机），将氢气压缩到大约 90~95MPa，再储存在高压系统中。高压氢气随后经过制冷装置、加氢机加注到燃气电池汽车上的氢气储罐内。加氢站的预冷装置能够保障在氢气快速加注过程中车载储罐不会出现过热。根据加氢站制冷装置的额定温度可以将加氢站分为 A、B、C 和 D 这 4 类，分别对应的预冷温度为-40℃、-20℃、0℃和无预冷。另一种加氢方式是指可以在低压状态下供应氢气。对于低压供应，需要一个中间压缩过程，使压力达到 40~50MPa，然后从中压储罐中抽出氢气，采用增压压缩机直接压缩并加注到车载储罐中。此过程被称为直接加压加注过程，需要配置高压缓冲罐来缓解增压压缩机运行过程中的压力波动。

因此，气氢加氢站（包括站内制氢加氢站和外部供氢加氢站）的主要工作流程包括：初始气氢储存、压缩、高压储存以及氢气加注到车辆储罐之前的热管理（即预冷过程）。气氢加注有级联加注和使用压缩机直接加压加注两种方式。某些加氢站同时布置了两种加注方式，站内的每种加注装置可以相互独立工作，当其中一种加注装置出现故障时，加氢站可以正常运行。

在级联加注系统中，加氢站的高压储氢罐（压力高达 90MPa）和车载储氢罐之间的压力差作为驱动力进行氢气加注，如图 8-2 所示。加氢站的氢气通过长管拖车、管道或现场制氢装置等方式供应。虽然加氢站内现场制氢方式具有不依赖外部氢气供应、无运输成本等优点，但制氢装置投建成本高，而供应的氢气压力范围有限。长管拖车运输的氢气压力通常在 20MPa，也存在压力不足的问题。

压缩机对加氢站至关重要，因为它可以使氢气压缩到 90MPa 进行储存。当加氢站的高压储氢罐接近压力限制无法给汽车加注时，压缩机起动，填充高压储罐。汽车加氢过程中，

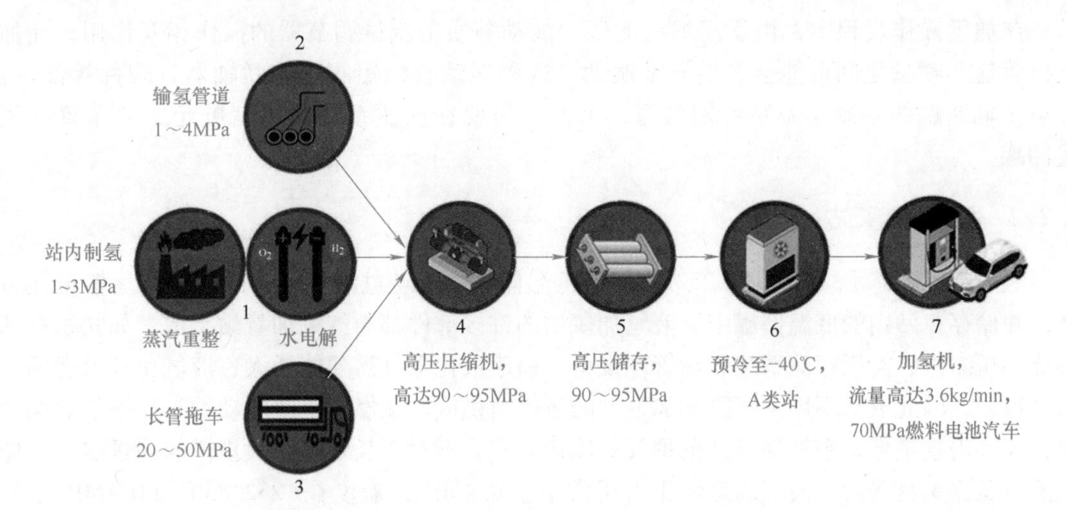

图 8-2　气氢加氢站级联加注流程

加氢站高压储氢罐中的氢气被预冷装置冷却到相应的温度（A 类加氢站达到-40℃），从而避免快速加氢过程造成车载储罐过热。

加氢站的储氢系统可以由一个或多个储罐组成，这些储罐工作在相同或不同的压力下。氢气逐一地被送入每个储氢罐，如果储罐的压力不同，那么首先充满压力最高的储罐，然后是压力较低的储罐。各储罐通常可以独立运行。研究表明，对氢气储存的压力进行优化设计，可以降低加氢站的总能耗。级联加注方式的局限性在于其有限的供应能力，其供应能力与储罐数量成正比。随着储罐数量的增加，压力下降得更慢，从而允许每天为更多的车辆加注氢气，同时有助于降低压缩能耗。降低加氢站储氢系统与燃料汽车车载储罐之间的压力差也减少了加氢过程中车载储罐产生的压缩热，从而减轻了预冷装置的负担。

与级联加注系统不同，直接加压加注系统除了使用储氢压缩机外，还需要一个附加的压缩机将氢气压缩至所需压力以完成氢气加注过程，如图 8-3 所示。氢气被运输到加氢站后，先被压缩并储存在 40～50MPa 的中压储存系统中。当为汽车加氢时，从中压储存系统中抽出的氢气，在增压压缩机中被压缩到 90MPa。因此，加氢过程由增压压缩机、制冷装置和加氢机完成。加氢机检测并控制流向车辆储罐的氢气流量。

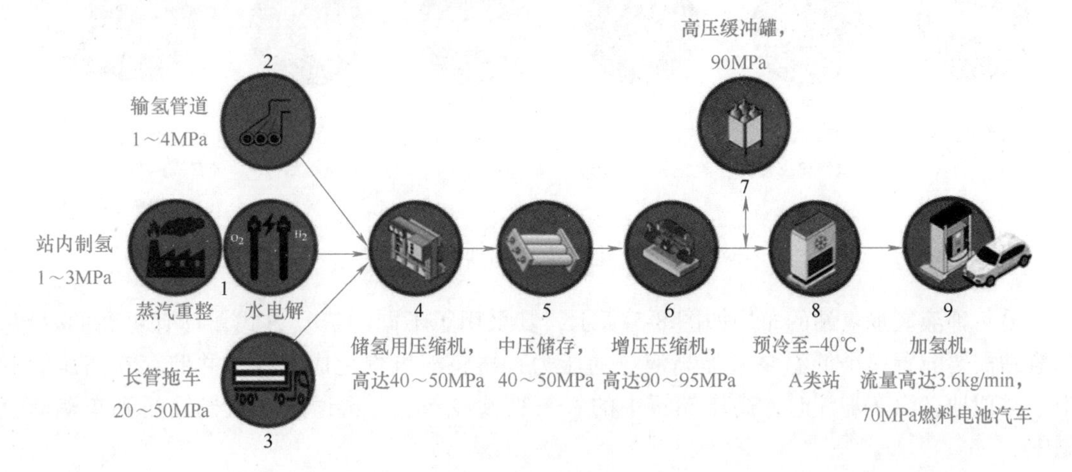

图 8-3　气氢加氢站直接加压加注流程

在加氢操作过程中，由于压缩机的压力波动与质量流量调节器的操作相互作用，在加氢机管道和喷嘴之间可能会发生异常振动。这种振动会缩短阀门、联轴器、配件等部件，甚至车辆储罐的寿命，需要特别注意，因此，需要在加注系统的压缩单元之后布置高压缓冲罐。

8.2.2 液氢加氢站

氢燃料以液态形式储存在-253.15℃的低温储罐中，经过液氢罐车的长距离运输至加氢站，并储存在站内的低温储罐中。液氢加氢站的许多部件都与气氢加氢站类似，如初始存储系统、压缩机、高压存储系统和热管理设备。由于液化氢气需要能耗大，液氢比气氢运输成本高得多，因此通常不用于短距离加氢站的氢燃料供应。在燃料电池电动汽车发展的初期阶段，氢气需求量低，小型加氢站采用气氢储运方式，但对于长距离、大规模的输送需求，低温液氢运输更具潜力。液氢的运输压力通常小于 0.4MPa，温度在-252.83℃（0.1MPa）和-247.07℃（0.4MPa）之间波动，密度在 70.90kg/m^3（0.1MPa）至 62.95kg/m^3（0.4MPa）之间。液氢和周围环境之间的温度变化可能会引起储罐超压，导致自然蒸发或闪蒸。这些情况不仅在液氢的静态储存过程中发生，还可能在汽车加氢过程中发生，蒸发的氢气直接释放到环境中，将导致能源损失和安全问题。

目前，液氢加氢站流行的布局方式有两种，其中一种如图 8-4 所示。为了提供汽车使用的高压气氢，在换热器中利用环境热量将液氢蒸发成气氢，然后气氢被压缩并储存到加氢站内的高压储氢系统中。汽车加注时，高压储罐中的气氢被预冷至-40℃后再由加氢机加注到车载储罐中。

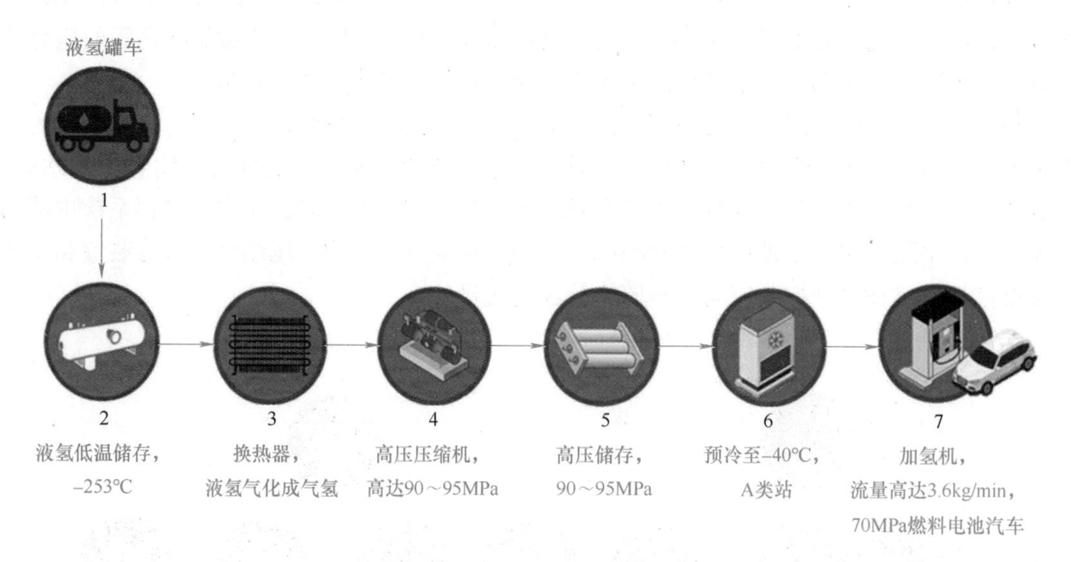

图 8-4 液氢加氢站加氢流程

另一种液氢加氢站的布局如图 8-5 所示，其采用了不同的蒸发方式，具有更高的效率。加氢站需要配置一个低温泵来提高液氢的压力，再将液氢汽化成气氢，并储存在高压储罐中。类似地，汽车加注时，高压储罐中的气氢被预冷却后，再通过加氢机输送到车辆储氢罐中。

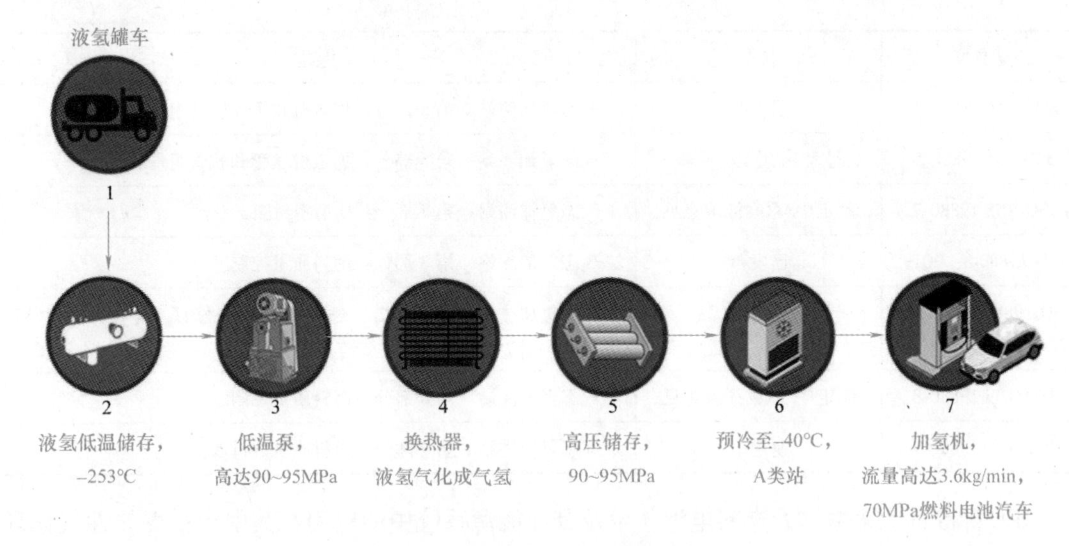

图 8-5 配备低温泵的液氢加氢站

8.3 加氢站技术相关标准

为了保障加氢站安全、高效、经济和环保的运营，在设计、施工、运营和维护等方面都必须遵循相关的技术标准和规范。这些技术标准和规范文件会不断审查和更新，以跟上不断发展的技术和安全要求。

8.3.1 国际标准

国际标准化组织（International Organization For Standardization，ISO）和国际电工委员会（International Electrotechnical Commission，IEC）是发布国际标准的两个主要组织。在 ISO 和 IEC 组织中，标准由技术委员会（Technical Committee，TC）制定，技术委员会任命一个工作组来在特定时间内完成特定标准的制定。ISO 的氢能标准是由 ISO/TC 197、ISO/TC 220、ISO/TC 58 和 ISO/TC 22/SC 41 等技术委员会制定的。

ISO 对加氢站设备和运营的要求覆盖了生产、储存、加注和设备 4 个领域。ISO/TC 197 氢能技术委员会专注于加氢站和氢动力车辆，制定了有关加氢站的设计、施工、运营和维护，以及氢燃料电池车辆性能和安全要求的规范和指南。与加氢站设计和运营的一般及特定要求相关的主要标准是 ISO 19880 系列。ISO 19880 系列不但包括加氢站的技术规范，还包括加氢系统中各种设备和部件的技术要求。ISO 19880 系列（已发布或制定中）标准见表 8-1。

表 8-1 ISO 19880 系列标准

标准号	状态	标题
ISO 19880-1：2020	已发布	气态氢加注站 第 1 部分：通用要求
ISO/DIS 19880-2	制定中/草案征求意见	气态氢加注站 第 2 部分：加氢机和加氢系统
ISO 19880-3：2018	已发布	气态氢加注站 第 3 部分：阀门

（续）

标准号	状态	标题
ISO 19880-5：2019	已发布	气态氢加注站　第 5 部分：加氢机软管和软管组件
ISO/CD 19880-5	制定中/委员会草案	气态氢加注站　第 5 部分：加氢机软管和软管组件
ISO/DIS 19880-7	制定中/草案征求意见	气态氢加注站　第 7 部分：O 型密封圈
ISO 19880-8：2019	已发布	气态氢加注站　第 8 部分：燃料质量控制
ISO 19880-8：2019/Amd 1：2021	已发布	气态氢加注站　第 8 部分：燃料质量控制-修订 1（与 ISO 14687 的 D 级对齐）
ISO/DIS 19880-8	制定中/草案征求意见	气态氢加注站　第 8 部分：燃料质量控制
ISO/DIS 19880-9	制定中	气态氢加注站　第 9 部分：燃料质量分析取样

IEC 标准的大多数涉及燃料电池技术及其在能源系统中的应用，其中包括爆炸性气体环境的相关标准，这些标准在加氢站操作中也适用。目前，IEC 发布了 9 个与安全程序和考虑事项以及爆炸性气体环境相关的相关标准，具体分为 4 个主要的标准类别：IEC 60079、IEC 80079、IEC 60204 和 IEC 60529。

欧洲标准化委员会（Comité Européen de Normalisation，CEN）和欧洲电工标准化委员会（European Committee for Electrotechnical Standardization，CENELEC）负责欧洲地区标准的制定和发布，以及 ISO 标准的实施，提供技术要求和建议，以确保整个欧洲的产品安全、质量和互操作性。欧洲的国家和行业标准通常引用 CEN 和 CENELEC 标准，一旦采纳后，欧盟成员国在实施欧盟法律时必须考虑这些要求。

CEN 和 CENELEC 已经制定并发布了多项与氢安全、储存、运输和使用等不同方面相关的标准，这些标准为各种氢能应用场景提供了规范和指南。CEN 和 CENELEC 与氢气相关的主要技术委员会包括 CEN/CLC/JTC 6、CEN/TC 23、CEN/TC 69、CEN/TC 185、CEN/TC 197、CEN/TC 234、CEN/TC 235 和 CEN/TC 236 等。为跟上技术和安全要求的发展，相关技术委员会对已发布的标准将进行审查和更新。在氢气供应方面，已发布的与气体供应系统有关的标准涵盖了操作压力小于或大于 16bar 的情况，还涉及了将氢气注入/输送到气体基础设施操作和可运输气瓶的要求。与储氢相关的标准集中在 EN 17533：2020（气氢）和 EN 1797：2001（液氢储存的低温容器）。新发布的 EN 12583：2022 填补了氢气压缩领域的空白。对于氢气加注过程，从多个角度进行规定，EN ISO 16380：2018 规定了与燃料电池电动车的连接，EN 17124：2022 涉及氢气质量，EN 17127：2024 涵盖了户外加氢站，此外，针对列车氢气加注流程和设备的标准仍在制定中。CEN/CLC 提供了一个针对多燃料加注站的指南，适用于加氢站与其他替代燃料加注站一起安装的场景。

8.3.2　中国标准

中国加氢站的技术标准和要求可以分为 4 类：基本定义类、建设类、运维类和综合类。

基本定义类标准主要包括与氢相关的基本定义、术语和基础性质等方面的标准。值得注意的是，《氢能汽车用燃料　液氢》（GB/T 40045—2021）将液氢列入了新的加氢站标准体系，丰富了我国的基本定义类加氢站标准内容。然而，基本定义类加氢站标准还需要对近年来出现的一些新术语和概念进行规范定义或补充说明，以更好地满足中国加氢站的发展

需求。

建设类标准包括通用类、储存类、输运类、增压类和加氢类等相关标准，国家标准体系计划建立涉及这些领域的标准。已经发布的标准包括《固定式高压储氢用钢带错绕式容器》（GB/T 26466—2011）和《氢气储存输送系统　第 1 部分：通用要求》（GB/T 34542. 1—2017），但涉及氢气储存、输送、增压和加注等领域的其他标准仍在制定过程中，加氢站建设类标准仍存在较大的缺口。

运维类标准主要涵盖了氢系统安全、加氢站和储氢设备安全、液氢生产和储存运输等方面的标准，但《氢气储存输送系统　第 8 部分：防火防爆技术要求》（GB 34542. 8）仍在制定中，国内加氢站的防火防爆技术要求有待进一步统一和完善。此外，涉及氢气增压、加注等领域的运维相关标准也存在较大的缺口。

综合类标准包括《加氢站技术规范（2021 年版）》（GB 50516—2010）、《汽车加油加气加氢站技术标准》（GB 50156—2021）、《氢气站设计规范》（GB 50177—2005）等，这些标准涵盖了加氢站全局设计的各个方面。其中，《加氢站技术规范（2021 年版）》适用于独立建设的加氢站，而《汽车加油加气加氢站技术标准》适用于合建站。在新版《加氢机》（GB/T 31138—2022）标准中规定了加氢机的技术要求、试验方法、标志、包装、运输和贮存、安装、维护的要求，此标准适用于氢能汽车加氢设施用公称工作压力不大于 70MPa 的加氢机。

1. 描述加氢站需要配置高压缓冲罐的情况，以及高压缓冲罐的作用。
2. 比较气氢加氢站和液氢加氢站的主要区别。
3. 探讨加氢站对汽车制造业和销售模式的潜在影响。
4. 分析加氢站与电动充电站之间的技术差异和共存可能性。
5. 分析加氢站对周围环境和社区的潜在风险和影响。

第9章 数值模拟技术

9.1 数值模拟技术概述

数值模拟也称计算机模拟，是一种依靠电子计算机，结合有限元或有限容积的概念，通过数值计算和图像显示的方法，解决工程问题、物理问题乃至自然界各类问题的模拟技术，其适用范围广、可靠性强。氢的流量计量这一工程问题主要涉及流体的流动，因而，本章将着重介绍流体力学相关的有限元数值模拟技术，并以氢的单管传输和流量计量为例，阐述数值模拟技术在氢的流量计量中的应用。为了确切起见，本教材将作下述基本约定。

1）流体看作为连续介质。这其中有两层含意：一是间接讨论分子的运动，把分子运动对宏观流体运动的影响按传统的参数化方法引进来，如黏性系数、扩散系数等；二是描述流体运动的各种物理量，如温度、压强、速度等都被看作是空间和时间的函数，如果不加以说明，都是无限可微的函数。

2）本课程限于牛顿力学的范畴。本课程不讨论相对论流体力学和量子流体力学行为，把本课程内的流体力学看作是牛顿力学在流体介质上的应用，这也是我们建立流体运动方程的依据。

9.2 数值模拟控制方程

流体力学数值模拟技术是通过数值计算的方法研究流体平衡和宏观运动规律的技术。流体流动的数值模拟涉及连续性方程、动量方程、能量方程及状态方程。本节将简单介绍流体力学的基本控制方程，为氢的流量计量数值模拟技术学习提供理论基础。

9.2.1 连续性方程

连续性方程是质量守恒定律在流体运动中的数学表现。根据质量守恒原理，流场中任一点流体密度满足连续性方程，如式（9-1）所示：

$$\frac{\partial\rho}{\partial t}+\frac{\partial(\rho \boldsymbol{v}_x)}{\partial x}+\frac{\partial(\rho \boldsymbol{v}_y)}{\partial y}+\frac{\partial(\rho \boldsymbol{v}_z)}{\partial z}=0 \tag{9-1}$$

对于定常流动，$\partial\rho/\partial t=0$，式（9-1）可简化为：

$$\frac{\partial(\rho \boldsymbol{v}_x)}{\partial x}+\frac{\partial(\rho \boldsymbol{v}_y)}{\partial y}+\frac{\partial(\rho \boldsymbol{v}_z)}{\partial z}=0 \tag{9-2}$$

对于不可压缩流体，ρ 为常数，式（9-2）可进一步简化为：

$$\frac{\partial \boldsymbol{v}_x}{\partial x}+\frac{\partial \boldsymbol{v}_y}{\partial y}+\frac{\partial \boldsymbol{v}_z}{\partial z}=0 \tag{9-3}$$

对于二维不可压流体，式（9-3）可进一步简化为：

$$\frac{\partial \boldsymbol{v}_x}{\partial x}+\frac{\partial \boldsymbol{v}_y}{\partial y}=0 \tag{9-4}$$

式中，ρ 为流体密度；x、y、z 为坐标方向；$\boldsymbol{v}_x$、$\boldsymbol{v}_y$、$\boldsymbol{v}_z$分别为在 x、y、z 轴的速度分量。

9.2.2　动量方程

在许多工程实际问题中，流体的运动往往十分复杂，想通过求解欧拉运动微分方程或纳维-斯托克斯方程（N-S 方程）来求得固体壁面上的流体压强分布规律通常比较困难，而通过动量方程来求解就要方便得多。动量定理是建立流体运动方程的依据，也是牛顿力学在描述流体运动中的具体应用。

设流场中任一流体体积为 V，边界面积为 S，流体密度为 ρ，速度矢量为$\boldsymbol{v}$，则此流体的动量为 $\int_V \boldsymbol{v}(\rho \mathrm{d}V)$ ，其中，$\rho \mathrm{d}V$ 是流体微团质量。根据牛顿定律和输运定理，动量方程的积分形式可表示为：

$$\int_V \frac{\partial(\boldsymbol{v}\rho)}{\partial t}\mathrm{d}V + \int_S \boldsymbol{n}\boldsymbol{v}\rho\boldsymbol{v}\mathrm{d}S = \int_V \boldsymbol{f}\rho\mathrm{d}V + \int_S \boldsymbol{n}\sigma\mathrm{d}S \tag{9-5}$$

式中，$\boldsymbol{f}$ 为直接作用在每个流体微团上的质量力；σ 为表面应力；$\boldsymbol{n}$ 为微元面积外法线单位矢量；t 为时间。

根据高斯定理及体积 V 的任意性，式（9-5）可改写为：

$$\frac{\partial}{\partial t}(\rho\boldsymbol{v}) + \nabla\cdot(\rho\boldsymbol{v}\boldsymbol{v}-\sigma)-\rho\boldsymbol{f}=0 \tag{9-6}$$

式中，（ $\nabla\cdot$ ）为面积分中被积函数的散度。

9.2.3　能量方程

能量方程是能量守恒的数学表现。在工程实践当中，流体经常会遇到被加热或被冷却的情况，为解决在流动过程中出现的能量问题，还需要建立流体运动的能量方程。

设单位质量流体的内能为 e，单位质量的动能为 $\boldsymbol{v}_i^2/2$，根据能量守恒定律，流动中体积 V 内的能量变化率应该等于质量力所做功率、表面力所做功率、流体所有微团上的热量以及外部传入的热量之和。等式如下：

$$\frac{\mathrm{d}}{\mathrm{d}t}\int_V\left(e+\frac{1}{2}\boldsymbol{v}_i^2\right)\rho\mathrm{d}V = \int_V \rho(\boldsymbol{f}\boldsymbol{v}+Q)\mathrm{d}V + \int_S \boldsymbol{n}(T\boldsymbol{v}-q)\mathrm{d}S \tag{9-7}$$

式中，Q 为单位流体质量、单位时间直接吸收的热量；q 为单位面积、单位时间通过表面传入的热量。

应用积分定理，利用体积 V 的任意性，增加可微条件，可将式（9-7）改写为：

$$\frac{\partial}{\partial t}\left[\rho\left(e+\frac{1}{2}\boldsymbol{v}_i^2\right)\right] + \nabla\left[\boldsymbol{v}\rho\left(e+\frac{1}{2}\boldsymbol{v}_i^2\right)\right] = \rho\boldsymbol{f}\boldsymbol{v} + \nabla\cdot(T\boldsymbol{v}) + \rho Q - \nabla q \tag{9-8}$$

9.2.4　状态方程

状态方程将热力学状态参数（温度、压强、密度等）联系在一起，是计算热力学性质最重要的方程之一。对于理想气体（完全气体），其状态方程为：

$$pV=nRT \tag{9-9}$$

式中，p 为压强（Pa）；V 为体积（m^3）；n 为物质的量（mol）；T 为温度（K）；R 为气体常数。

对于真实气体，可用范德瓦尔斯方程来表示：

$$\left(p+\frac{a}{V_{\mathrm{m}}^2}\right)(V_{\mathrm{m}}-b)=RT \tag{9-10}$$

式中，a、b 为常数，V_{m} 为实际气体体积。与 a 有关的项为分子间相互吸引的修正项，相当于增加压强；与 b 有关的项为分子本身的容积修正项，相当于减少体积。

9.3 氢流动的数值模拟

氢能主要以气氢和液氢两种状态应用于各领域，但是由于氢具有易燃易爆、价格昂贵、储存运输困难等特点，直接通过实验研究成本高、危险系数大，因此可以通过数值模拟的方式分别对气氢与液氢在各领域中的应用展开安全性与经济性研究。

氢能的远距离运输以气氢为主，而气氢的运输离不开输送管网的建设，利用管道纯氢运输和天然气管道掺氢运输是实现气氢运输最可行的方法。现阶段气氢的管网运输处于起步阶段，应用尚未成熟，关于气氢对管道、设备和混合气体等影响特性的研究仍然缺乏，鉴于这种情况，国内外相关学者采用数值模拟的方法对气氢的单管及管网运输进行了大量研究。对于管网中单管的数值模拟研究，可采用分段的方法并实时更新偏微分方程参数，形成了管道输送的动力学模型。对于管网的数值模拟，根据其动力学模型，可研究氢混合天然气的动态特性对运输系统的影响。下面将详细介绍有关于氢流动的数值模拟案例。

9.3.1 物理模型的建立

在液氢加注过程中，管道振动会显著影响液氢加注效率，甚至会威胁到加注过程的安全性。为此，建立了加注管路的三维模型，模型中液氢以一定流速从管道左侧流入，管壁处于恒温状态，加热管内流体。在流动过程中，由于液氢温度低于壁面温度，使近壁处的流体因吸热汽化产生气液两相，并且随着流动的进行，气相体积分数逐渐增加，直至流出管道。图 9-1 所示为液氢在水平管道内流动的物理模型，管道在垂直速度方向振动，液氢由于壁面热流的原因受热而沸腾。水平管管长 $L=2$m，内径 $D=0.2$m。管道的结构性网格数为 138240 个。

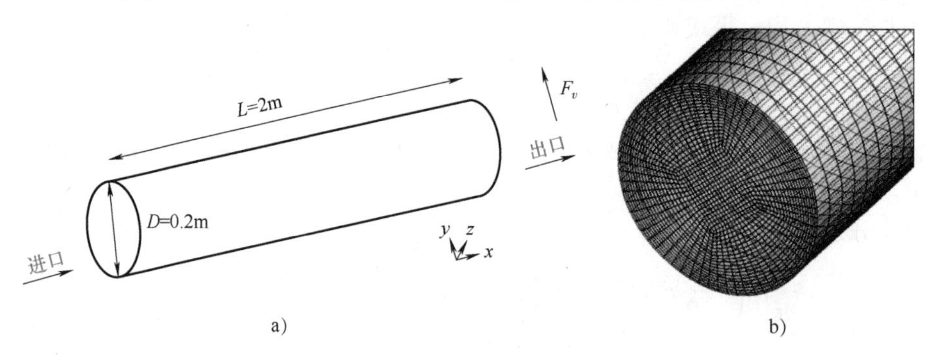

图 9-1 物理模型与数值计算网格

a）物理模型 b）数值计算网格

9.3.2　数学模型的建立

管内流动采用三维非稳态模型，在数值计算过程中除了采用 9.2 节中所介绍的连续性方程、动量方程以及能量方程外，还需采用欧拉沸腾模型中的 RPI（Rensselaer Polytechnic Institute）模型，具体形式如下。

根据基本 RPI 模型，壁面与液体之间的总热流量 q_W 由流热通量 q_C、淬火热流量 q_Q 和蒸发热流量 q_E 这 3 部分组成，即：

$$q_W = q_C + q_Q + q_E \tag{9-11}$$

式中，流热通量 q_C 的计算公式为：

$$q_C = h_C(T_W - T_l)(1 - A_b) \tag{9-12}$$

式中，h_C 为单相表面传热系数；T_W 和 T_l 分别为壁面和液体的温度；A_b 为有效气泡影响面积因子。

淬火热流量 q_Q 的计算公式为：

$$q_Q = \frac{2k_l}{\sqrt{\pi\lambda_l\Delta t}}(T_W - T_l) \tag{9-13}$$

式中，k_l 为热导率；Δt 为周期；λ_l 为热扩散率。

蒸发热流量 q_E 的计算公式为：

$$q_E = V_d N_W \rho_V h_{fv} \tag{9-14}$$

式中，V_d 为基于气泡脱离直径的气泡体积；N_W 为活性核密度；ρ_V 为氢蒸气的密度；h_{fv} 为汽化潜热。

9.3.3　初始条件和边界条件

在起始阶段，水平管入口处液氢以恒定流速流入，计算域入口为速度边界条件，出口为压力出口边界条件，壁面上液相采用无滑移边界条件，壁面温度恒定为 23.28K，具体计算参数见表 9-1 所示。管道振动边界条件为纵向振动，采用用户定义函数（User Defined Functions）定义，即

$$y = 2\pi Af\cos(2\pi ft) \tag{9-15}$$

式中，y 为管道的 t 时刻瞬时振动位移；A 为管道振动幅度；f 为振动频率。

表 9-1　具体计算参数

参数	对应值
入口速度/(m/s)	2.0、2.5、3.0、3.5、4.0
振动频率/Hz	10、20、30、40
振动幅度/mm	0.1、0.3、0.5、0.7、1.0

9.3.4　模拟结果及分析

通过数值模拟计算了 8 组不同热流量下的压降，与液氢两相沸腾流动压降的数值研究实验结果进行对比，如图 9-2 所示。

由图 9-2 可知，数值模拟结果与实验结果的相对误差在±50%以内，因此液氢在水平振动管道内流动沸腾压降特性的数值模拟计算流体动力学的模型是有效的。

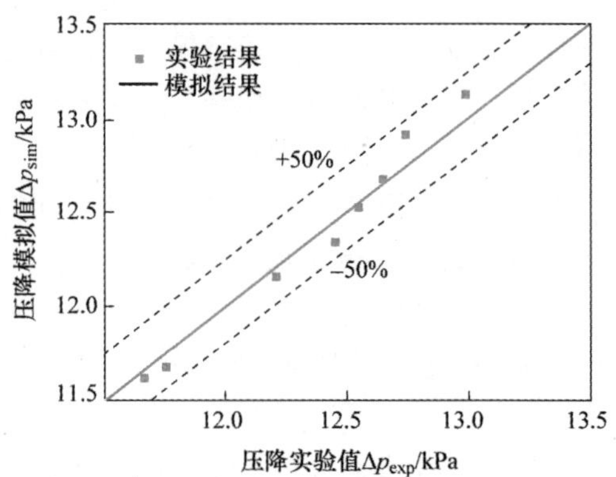

图 9-2　模拟结果与实验结果对比

在管内流速为 2m/s 时，管道有振动与无振动时的压降情况如图 9-3 所示，其中 1 表示无振动，2 表示有振动。由图 9-3 可知，液氢沸腾流动的压降波动在有振动时明显比无振动时强，有振动时的压降波动曲线呈现周期性的上、下波动，而无振动时的曲线则近似为一条直线。

由于在近壁处的表面上气泡的数量随热流量的增加而增加，但增加的气泡会在近壁处产生更大的扰动，因此在管道振幅趋近于 0mm 时，管道振动最大，压降最小，如图 9-4 所示。据模拟结果表明，不同压降波动变化时，压降最大时热流量最大，压降最小时热流量最小，如图 9-5 所示。

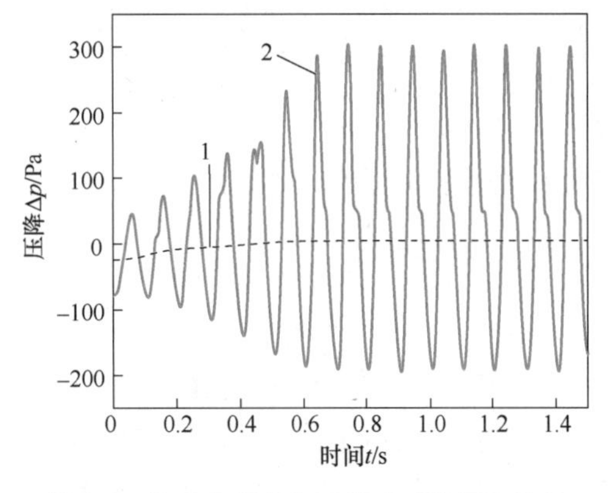

图 9-3　管道有振动与无振动时的压降情况

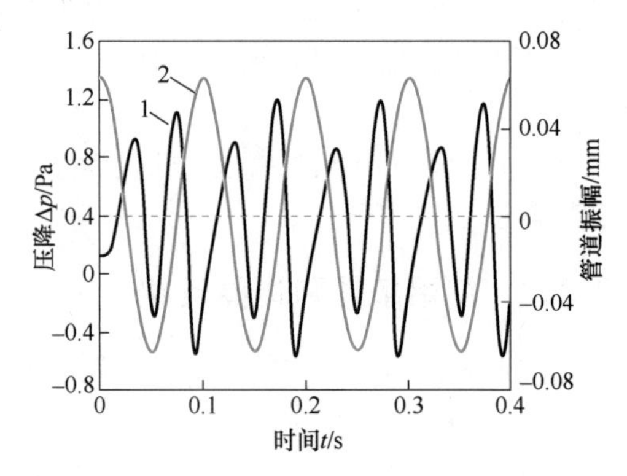

图 9-4　振动与压降对比

1—压降波动　2—管道振动

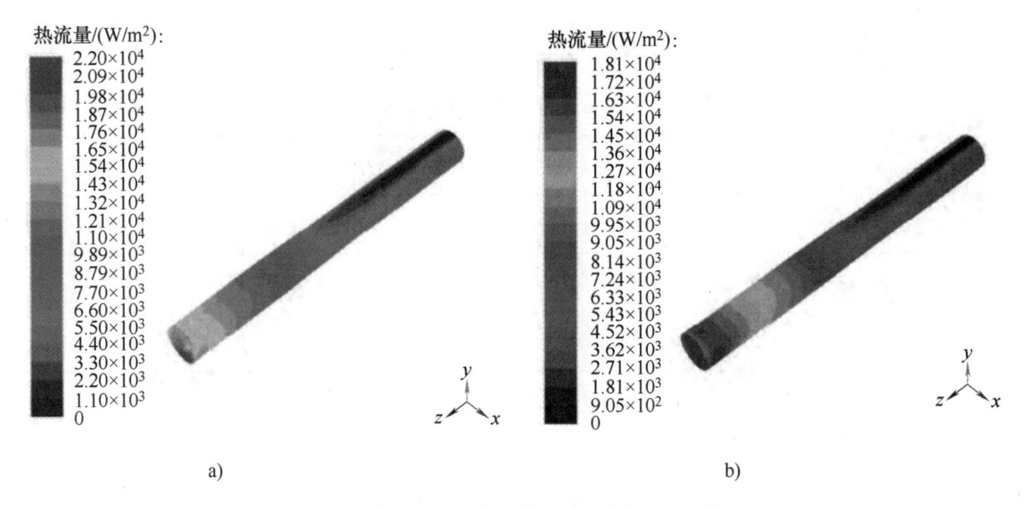

图 9-5　不同压降波动变化时表面热流量的变化

a）压降最大时　b）压降最小时

综上所述，液氢在水平圆管内流动沸腾时的压降与管道有无振动有关，由压降的研究结果表明压降波动最大时对应管道振动振幅趋近于 0mm，而管道振动最大时对应的是压降最小。

9.4 氢流量计流场数值模拟

氢能流量计量主要通过流量计来实现，如今主流的氢能流量计有节流式流量计、速度式流量计、质量流量计。应根据环境因素、测量介质的特性等要素，设计合适的流量计应用于不同的场景，但每一种流量计的设计需要通过无数次的试验和改进，花费大量人力、物力。数值模拟是流量计研究和设计的一种手段，通过模拟可以对器件的设计提出改进意见，从而减小设计和试验的成本。因此，本节以穿孔板流量计为例，介绍对氢能流量计设计和改进的数值模拟研究方法。

穿孔板流量计是节流式流量计的一种，是通过压差来反映流量的器件。为探究穿孔板流量计的最佳结构，通过有限元分析软件对不同穿孔形式、厚度、等效直径比的穿孔板进行了数值研究，比较液氢的流出系数 C_d 和压力损失系数 ζ 得到最佳结构。

9.4.1 物理模型的建立

计算域和穿孔板的三维示意图布局如图 9-6 所示。表 9-2 列出了穿孔板的结构参数。管道的内径 $D=26$mm，所有穿孔板的孔数相同（$N=7$），中心孔直径为 d_0，其余 6 个孔直径为 d_1 并且 6 个孔均匀分布在直径为 D_1 的圆上，β 为等效直径比，δ 为穿孔板的厚度。

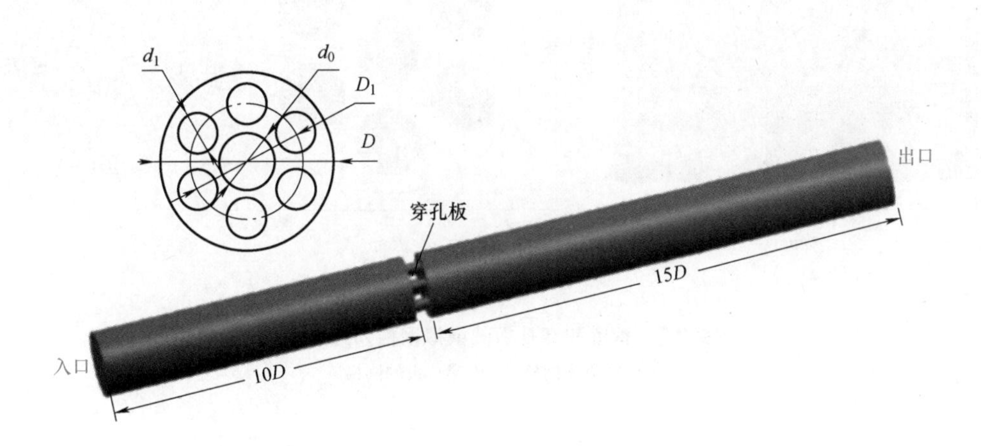

图 9-6　计算域和穿孔板的三维示意图布局

表 9-2　穿孔板的结构参数

序号	β	D_1/mm	δ/mm	d_0/mm	d_1/mm
1	0.635	16	3.50	6.0	6.00
2	0.635	16	3.50	8.0	5.60
3	0.635	16	1.00	8.0	5.60

（续）

序号	β	D_1/mm	δ/mm	d_0/mm	d_1/mm
4	0. 635	16	6. 35	8. 0	5. 60
5	0. 635	16	9. 00	8. 0	5. 60
6	0. 445	16	6. 35	5. 6	3. 92
7	0. 540	16	6. 35	6. 8	4. 76
8	0. 731	17	6. 35	9. 2	6. 44

9. 4. 2　网格的划分

整个模拟过程中，将几何结构划分为 3 部分：上游、下游和中心区域。上游和下游区域采用粗网格，为了更好地捕捉速度和压力变化中心穿孔板区域采用更细的网格划分方式，靠近壁面的网格也采用更细的网格划分方式以满足标准壁面的功能要求。管道和穿孔板的模拟网格划分结果如图 9-7 所示。

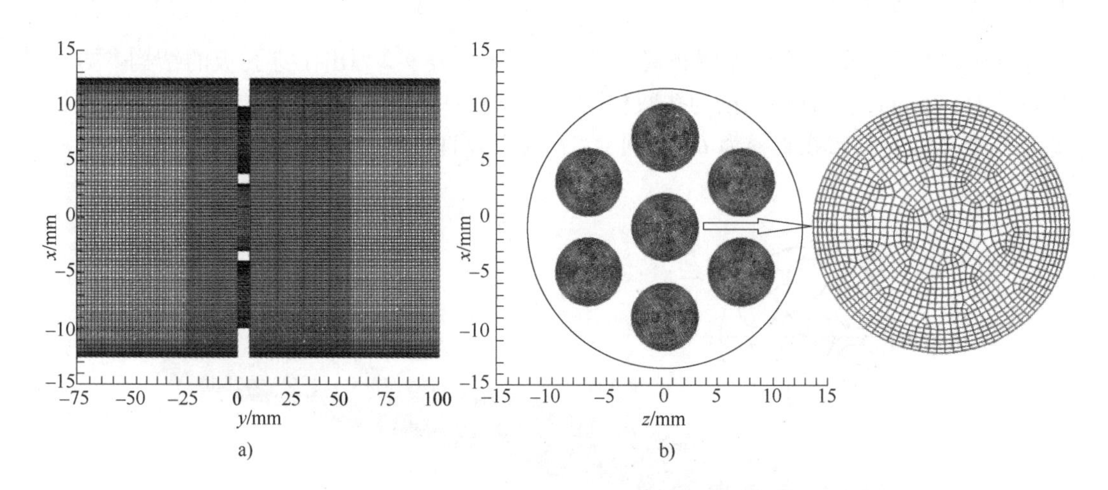

图 9-7　管道和穿孔板的模拟网格划分结果

a）管道的网格　b）穿孔板的网格

9. 4. 3　计算方程

在模拟中采用了均匀混合的方法。除求解了连续性、动量和能量方程外，还求解了蒸气体积分数的 k-ε 方程和输运方程。k-ε 双方程湍流模型已广泛应用于湍流的模拟中。与标准的 k-ε 模型相比，Realizable k-ε 模型和 RNG（Re-Normalization Group）k-ε 模型在表征具有高流线曲率、强涡旋和高速旋转的流动方面都有了显著的改进。为了选择更合适的湍流模型，选用图 9-6 进行模型验证。图 9-8 将以水作为工作液（大气压和室温下）的模拟流出系数 C_d 与实验值进行了比较。通过实验发现，Realizable k-ε 模型与实验结果吻合较好，偏差 $<5.5\%$。因此，在之后的模拟中选择 Realizable k-ε 模型作为湍流模型。

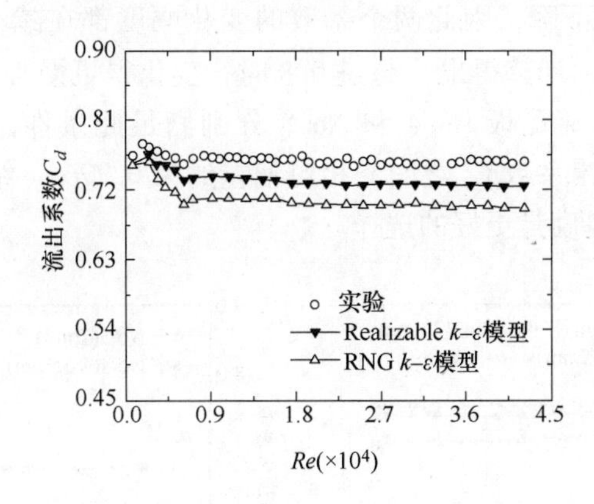

图 9-8　流出系数的模拟结果与实验结果的比较

9.4.4　边界条件的设定

管道的进口和出口分别设置为速度和压力边界条件，为达到不同的流量条件，入口速度可变，出口压力设置为 0.2MPa。管道和穿孔板的表面均被指定为隔热界面。经过验证后，以液氢（LH_2）为工作液，对表 9-2 中所列的穿孔板的结构参数进行了模拟。

9.4.5　模拟结果及分析

1. 穿孔形式的影响

中心孔大小不同的 No. 1 和 No. 2 穿孔板的流出系数 C_d 和压力损失系数 ζ 随雷诺数 Re 的变化如图 9-9 所示。由图 9-9 知 No. 2 穿孔板模型具有更大的流出系数和更小的压力损失系数，因此更大的中心孔有利于流量的测量。

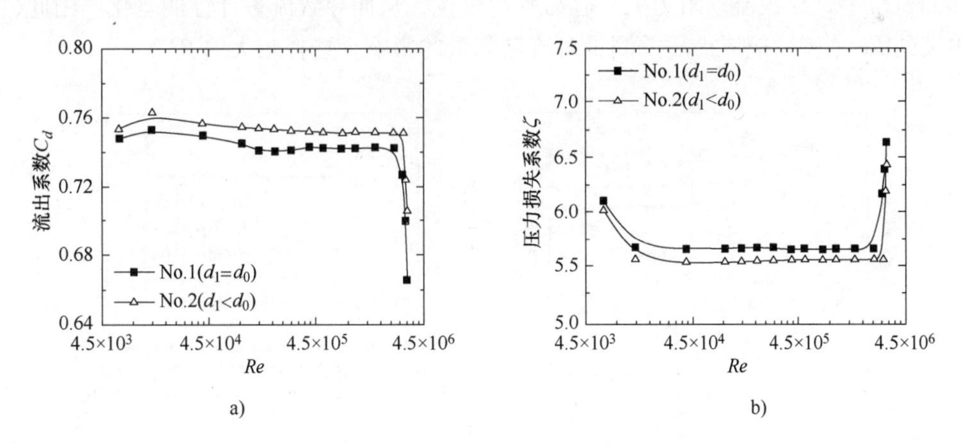

图 9-9　不同穿孔形式的穿孔板的性能参数

a）流出系数变化　b）压力损失系数变化

2. 厚度的影响

基于更好的穿孔板形式 No. 2，用穿孔板 No. 3、No. 2、No. 4 和 No. 5 研究了穿孔板厚度 δ 的影响。流出系数 C_d 和压力损失系数 ζ 随雷诺数 Re 的变化如图 9-10 所示，在平稳区域，流出系数 C_d 随着厚度 δ 增加而升高，压力损失系数 ζ 随穿孔板厚度 δ 增加而减少。由于穿

孔板的阻力随着 δ 增大而下降，因此两个系数的变化幅度都在减小，当 δ/d_t（d_t是等效孔径，通过 $Nd_t^2=d_0^2+(N-1)d_r^2$ 计算得出）超过 0.8 时，变化得更慢。当 δ/d_t值在 1.0~1.5 时，出现穿孔板的最小阻值。穿孔板 No. 4 和 No. 5 分别满足此条件，即 $\delta/d_t=1.05$ 和 $\delta/d_t=1.49$，而这两个穿孔板流出系数 C_d 之间的相对偏差约为 0.77%。结合流量计的实际加工工艺，认为 No. 4 穿孔板的厚度是更好的选择。

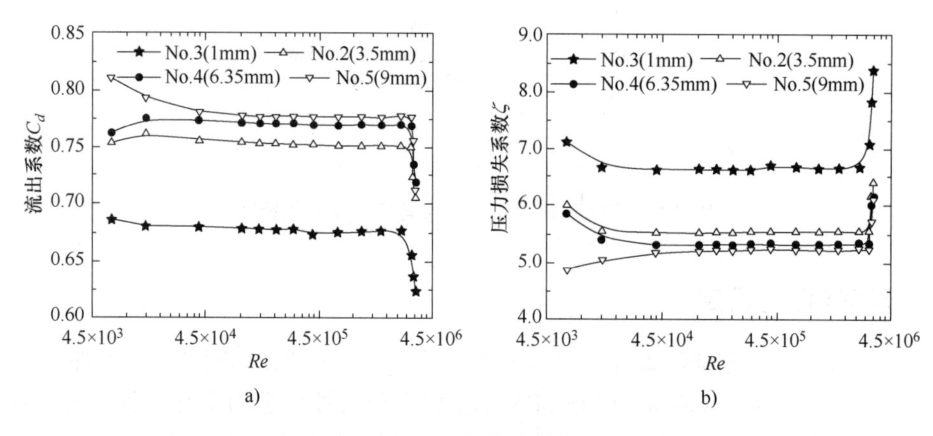

图 9-10　不同厚度的穿孔板的性能参数

a）流出系数变化　b）压力损失系数变化

3. 等效直径比的影响

在 No. 4 穿孔板的基础上，用 No. 4、No. 6、No. 7、No. 8 穿孔板研究了等效直径比 β 的影响，如图 9-11 所示。随着 β 的增加，流出系数 C_d 增大，而压力损失系数 ζ 呈下降趋势，它们的变化均逐渐减弱。从数值上可以看出，β 是影响稳定区域 Re 范围的主要因素。β 较低的循环面积较小，导致流动阻力大，容易引起汽化，从而导致流量计性能恶化。因此，为了获得更宽的 Re 范围，应考虑压差测量对流量测量的影响，选择较大的 β。

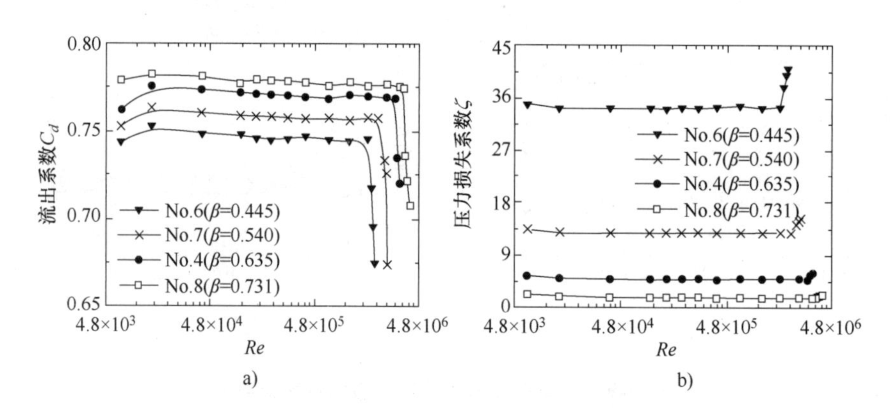

图 9-11　不同等效直径比的穿孔板的性能参数

a）流出系数变化　b）压力损失系数变化

综上所述，我们可以得到中心孔直径较大的穿孔板的性能优于等孔穿孔板的性能，合理增加板的厚度和等效直径比，有助于提高液氢穿孔板的性能，更大的等效直径比有利于避免液氢的汽化。

简答题

1. 简述数值模拟方法在氢流量测试过程中的作用。
2. 简述数值模拟方法的过程。
3. 举例描述适用于数值模拟求解的氢流量计工况和求解方法。

载人航天精神

探月精神

参考文献

[1] ABDELKAREEM M A, SAYED E T, MOHAMED H O, et al. Nonprecious anodic catalysts for low-molecular-hydrocarbon fuel cells: theoretical consideration and current progress [J]. Progress in Energy and Combustion Science, 2020, 77 (3): 1-52.

[2] ALRAZEN H A, TALIB A A, ADNAN R, et al. A review of the effect of hydrogen addition on the performance and emissions of the compression-ignition engine [J]. Renewable and Sustainable Energy Reviews, 2016, 54 (8): 785-796.

[3] APOSTOLOU D, XYDIS G. A literature review on hydrogen refuelling stations and infrastructure: current status and future prospects [J]. Renewable and Sustainable Energy Reviews, 2019, 113 (10): 1-14.

[4] BAUER A, MAYER T, SEMMEL M, et al. Energetic evaluation of hydrogen refueling stations with liquid or gaseous stored hydrogen [J]. International Journal of Hydrogen Energy, 2019, 44 (13): 6795-6812.

[5] CAPONI R, FERRARIO A M, BOCCI E, et al. Single-tank storage versus multi-tank cascade system in hydrogen refueling stations for fuel cell buses [J]. International Journal of Hydrogen Energy, 2022, 47 (64): 27633-27645.

[6] DE MORAIS A M, JUSTINO M A M, VALENTE O S, et al. Hydrogen impacts on performance and CO_2 emissions from a diesel power generator [J]. International Journal of Hydrogen Energy, 2013, 38 (16): 6857-6864.

[7] ELSEMARY I M, ATTIA A A, ELNAGAR K H, et al. Experimental investigation on performance of single cylinder spark ignition engine fueled with hydrogen-gasoline mixture [J]. Applied Thermal Engineering, 2016, 106 (8): 850-854.

[8] GENOVESE M, FRAGIACOMO P. Hydrogen refueling station: overview of the technological status and research enhancement [J]. Journal of Energy Storage, 2023, 61 (7): 1-20.

[9] HUANG S, MA T, WANG D, et al. Study on discharge coefficient of perforated orifices as a new kind of flowmeter [J]. Experimental Thermal and Fluid Science, 2013, 46 (4): 74-83.

[10] ISHAQ H, DINCER I. Performance investigation of adding clean hydrogen to natural gas for better sustainability [J]. Journal of Natural Gas Science and Engineering, 2020, 78 (10): 7-30.

[11] JI M, WANG J. Review and comparison of various hydrogen production methods based on costs and life cycle impact assessment indicators [J]. International Journal of Hydrogen Energy, 2021, 46 (78): 38612-38635.

[12] JIN T, TIAN H, GAO X, et al. Simulation and performance analysis of the perforated plate flowmeter for liquid hydrogen [J]. International Journal of Hydrogen Energy, 2017, 42 (6): 3890-3898.

[13] MINKIN H, HOBART H, WARSHAWSKY I. Liquid-hydrogen flowmeter calibration facility [J]. Advances in Cryogenic Engineering, 1962, 7 (10): 189-197.

[14] OLABI A, ABDELGHAFAR A A, BAROUTAJI A, et al. Large-vscale hydrogen production and storage technologies: current status and future directions [J]. International Journal of Hydrogen Energy, 2021, 46 (45): 23498-23528.

[15] RAND D A J, DELL R M. Hydrogen energy: challenges and prospects [M]. London: Royal Society of Chemistry, 2007.

[16] ROTHUIZEN E, ROKNI M. Optimization of the overall energy consumption in cascade fueling stations for hydrogen vehicles [J]. International Journal of Hydrogen Energy, 2014, 39 (1): 582-592.

[17] SERDAROGLU G, KHZOUZ M, GILLOTT M, et al. The effect of environmental conditions on the operation of a hydrogen refuelling station [J]. International Journal of Hydrogen Energy, 2015, 40 (47): 17153-17162.

[18] SHAABAN S. Design and optimization of a novel flowmeter for liquid hydrogen [J]. International Journal of Hydrogen Energy, 2017, 42 (21): 14621-14632.

[19] SHIVAPRASAD K, RAVITEJA S, CHITRAGAR P, et al. Experimental investigation of the effect of hydrogen addition on combustion performance and emissions characteristics of a spark ignition high speed gasoline engine [J]. Procedia Technology, 2014, 14 (7): 141-148.

[20] SINIGAGLIA T, LEWISKI F, MARTINS M E S, et al. Production, storage, fuel stations of hydrogen and its utilization in automotive applications-a review [J]. International Journal of Hydrogen Energy, 2017, 42 (39): 24597-24611.

[21] TANVEER W H, REZK H, NASSEF A, et al. Improving fuel cell performance via optimal parameters identification through fuzzy logic based-modeling and optimization [J]. Energy, 2020, 204 (8): 1-21.

[22] TSUJIMURA T, SUZUKI Y. The utilization of hydrogen in hydrogen/diesel dual fuel engine [J]. International Journal of Hydrogen Energy, 2017, 42 (19): 14019-14029.

[23] XIAO L, CHEN J, WU Y, et al. Effects of pressure levels in three-cascade storage system on the overall energy consumption in the hydrogen refueling station [J]. International Journal of Hydrogen Energy, 2021, 46 (61): 31334-31345.

[24] ZHANG Z, HU C. System design and control strategy of the vehicles using hydrogen energy [J]. International Journal of Hydrogen Energy, 2014, 39 (24): 12973-12979.

[25] 陈晓露，刘小敏，王娟，等. 液氢储运技术及标准化 [J]. 化工进展，2021，40 (9)：4806-4814.

[26] 巩聪聪.《中国氢能源及燃料电池产业白皮书》发布 [J]. 山东国资，2019 (6)：14.

[27] 国家质量监督检验检疫总局. 气体流量计量器具检定系统表：JJG 2064—2017 [S]. 北京：中国质检出版社，2017：1-10.

[28] 国家质量监督检验检疫总局. 液体流量计量器具检定系统表：JJG 2063—2007 [S]. 北京：中国质检出版社，2007：1-8.

[29] 贺登辉，张振铎，陈森林，等. V 锥流量计火箭发动机液氢液氧推进剂测量性能 [J]. 推进技术，2019，40 (4)：911-920.

[30] 李东升，郭天太. 量值传递与溯源 [M]. 杭州：浙江大学出版社，2009.

[31] 李东升. 计量学基础 [M]. 2 版. 北京：机械工业出版社，2014.

[32] 李叶. 科里奥利质量流量计数字信号处理算法的研究与实现 [D]. 合肥：合肥工业大学，2010.

[33] 李英顺. 现代检测技术 [M]. 北京：水利水电出版社，2009.

[34] 梁国伟，蔡武昌. 流量测量技术及仪表 [M]. 北京：机械工业出版社，2002.

[35] 刘峻，赵汪，高学强，等. 全球加氢站产业、技术及标准进展综述 [J]. 太阳能学报，2022，43 (6)：362-372.

[36] 刘玮，万燕鸣，熊亚林，等. “双碳” 目标下我国低碳清洁氢能进展与展望 [J]. 储能科学与技术，2022，11 (2)：635-642.

[37] 马涛. 国外氢能源经济发展现状及对我国的启示 [J]. 节能技术，2008 (4)：324-327+346.

[38] 全国工业过程测量和控制标准化技术委员会第一分技术委员会. 用安装在圆形截面管道中的差压装置测量满管流体流量　第 1 部分：一般原理和要求：GB/T 2624. 1—2006 [S]. 北京：中国标准出版社，2007：1-31.

[39] 全国石油天然气标准化技术委员会. 用气体涡轮流量计测量天然气流量：GB/T 21391—2022 [S]. 北京：中国标准出版社，2022：1-40.

[40] 商燕，常华伟，郑尧，等. 水平振动管内液氢流动沸腾压降的数值模拟 [J]. 中南大学学报（自然科

学版），2018，49（9）：2337-2343.
［41］王健，丛皓，陈乔溪. 质量法低温液体流量标准装置及检测方法研究［J］. 工业计量，2017，27（5）：12-15+22.
［42］王自和，范砧. 气体流量标准装置［M］. 北京：中国计量出版社，2005.
［43］肖素琴，韩厚义. 质量流量计［M］. 北京：中国石化出版社，1999.
［44］扬帆，张超，张博超，等. 大型液氢储罐内罐材料研究与应用进展［J］. 太阳能学报，2023，44（10）：557-563.
［45］赵俊. 能源发展战略行动计划（2014—2020 年）［J］. 气体分离，2014（6）：58-59.
［46］全国氢能标准化技术委员会. 氢气储存输送系统　第 1 部分：通用要求：GB/T 34542—2017［S］. 北京：中国标准出版社，2017：1-12.
［47］全国氢能标准化技术委员会. 液氢贮存和运输技术要求：GB/T 40060—2021［S］. 北京：中国标准出版社，2021：1-12.
［48］全国石油天然气标准化技术委员会. 用气体超声流量计测量天然气流量：GB/T 18604—2023［S］. 北京：中国标准出版社，2023：1-45.

二维码索引表

放置页码	二维码名称	二维码
11	与气候一起变化：能源（1）	
11	与气候一起变化：能源（2）	
11	绿色抉择：莱茵河、生物圈、新能源	
24	中国创造：无人驾驶	
24	绿色抉择：低碳、后天、迷宫（1）	
24	绿色抉择：低碳、后天、迷宫（2）	
50	绿色抉择：博弈、牺牲、责任（1）	

（续）

放置页码	二维码名称	二维码
50	绿色抉择：博弈、牺牲、责任（2）	
75	“两弹一星”功勋科学家：王大珩	
75	敬始慎终——王大珩	
89	“深海一号”能源站	
108	大国工匠：大勇不惧	
108	大国工匠：大术无极	
121	“铁人”王进喜的笔记本	
121	大庆精神	

（续）

放置页码	二维码名称	二维码
121	科学家精神	
129	改写油气运输历史的功勋管道	
139	载人航天精神	
139	探月精神	